红唇美猴传奇

赵序茅 李 明◎著

中国少年儿童新闻出版总社
中国少年兒童出版社
北 京

图书在版编目（CIP）数据

红唇美猴传奇 / 赵序茅，李明著. -- 北京：中国少年儿童出版社，2018.1 （2019.6 重印）
（探秘大自然丛书）
ISBN 978-7-5148-4303-3

Ⅰ. ①红… Ⅱ. ①赵… ②李… Ⅲ. ①金丝猴 – 少儿读物 Ⅳ. ① Q959.848-49

中国版本图书馆 CIP 数据核字（2017）第 249593 号

HONGCHUN MEIHOU CHUANQI
（探秘大自然丛书）

出 版 发 行：中国少年儿童新闻出版总社 中國少年兒童出版社
出 版 人：孙 柱
执行出版人：赵恒峰

策划编辑：李晓平　　著：赵序茅 李 明
责任编辑：李晓平
助理编辑：梅 涛　　责任校对：栾 鋆
装帧设计：森 山　　责任印务：厉 静

社 址：北京市朝阳区建国门外大街丙 12 号　　邮政编码：100022
总 编 室：010-57526070　　传 真：010-57526075
编 辑 部：010-57526435　　发 行 部：010-57526568
网 址：www. ccppg. cn
电子邮箱：zbs@ccppg. com. cn

印刷：北京利丰雅高长城印刷有限公司

开本：787mm × 1020mm 1/16　　印张：9.75
2018 年 1 月第 1 版　　2019 年 6 月北京第 5 次印刷
字数：250 千字　　印数：28001-33000 册

ISBN 978-7-5148-4303-3　　定价：35.00 元

前　言

提起美猴王，你肯定马上会想到《西游记》里的孙悟空。他乃一石猴，吸取天地之灵气，聚日月之精华，精通七十二变，一个筋斗便能翻出十万八千里。影视作品中，孙悟空一身金黄的毛发，比其他猴子英俊得多，花果山众猴称他为美猴王。自然界中有一种猴子，虽然本领没有孙悟空那么大，但是英俊的外表足以秒杀孙悟空，称它为美猴王才是实至名归呢。它，便是滇金丝猴。

你看这猴，生得眉清目秀，长着一张颇像人的脸：脸蛋儿白里透红，嘴唇丰厚。再看这猴的身体：胖乎乎、毛茸茸的，黑白灰相间的毛发在阳光下透出光环，再加上憨头憨脑一副萌相，很招人喜欢。最特别的是，滇金丝猴拥有美丽的红唇。

此猴美是美，可是外表与人们想象的有些出入，说好的金丝猴，怎么不见金丝啊?

滇金丝猴身上并没有所谓的金丝，长有金色毛发的那是川金丝猴。在分类学上，这两种猴同属于哺乳纲、灵长目、猴科、疣猴亚科、仰鼻猴属。仰鼻猴属下面有5个种，除了滇金丝猴和川金丝猴，还有黔金丝猴、缅甸金丝猴（怒江金丝猴）和越南金丝猴。只有川金丝猴身披金色毛发，其他4种都没有这种特征。那它们的名字中为什么会有“金丝”呢？这是因为，川金丝猴是最早被人类发现、定名的，后来发现的几种金丝猴，虽然没有金色的毛发，但和川金丝猴关系非常近，所以名字就比照着川金丝猴来起。其实，仰鼻猴属的成员，共同的特征是鼻孔后仰。

若要拿滇金丝猴来和孙悟空比，胜出的可不仅仅是外貌。孙悟空最唬人的形象广告就是：还记得500年前大闹天宫的齐天大圣吗？殊不知，孙悟空这500年的资历，在滇金丝猴面前是微不足道的。

论起滇金丝猴的资历，那可老得很。1800万年前，疣猴亚科从猴亚科分化出来。1200万年前，亚洲疣猴和非洲疣猴发生分化。670万年前，仰鼻猴属形成。142万年前，金丝猴祖先分化出北方金丝猴群和喜马拉雅金丝猴群。随后在107万年前，北方类群分化为川金丝猴和黔金丝猴。80万年前，越南金丝猴从喜马拉雅金丝猴群分化出来，之后，44万年前，喜马拉雅猴群的另一支分化出滇金丝猴和缅甸金丝猴。看到了没？人家滇金丝猴在地球上已经存在了44万年！

再来说说滇金丝猴名字的来历吧。1890年，两名法国人，索利（R. P. Soulie）和彼尔特（Monseigneur Biet）在云南德钦县境内组织当地猎人捕获了7只滇金丝猴，并将其头骨和皮张送到巴黎博物馆。1897年，法国动物学家米尔恩·爱德华兹（Milne-Edwards）根据这些标本，首次对滇金丝猴进行科学描述，并以采集者的姓“Biet”命名，将其正式命名为*Rhinopithecus bieti*，这便是滇金丝猴的拉丁名，也就是我们常说的大名。除了

灵长类动物的进化历程

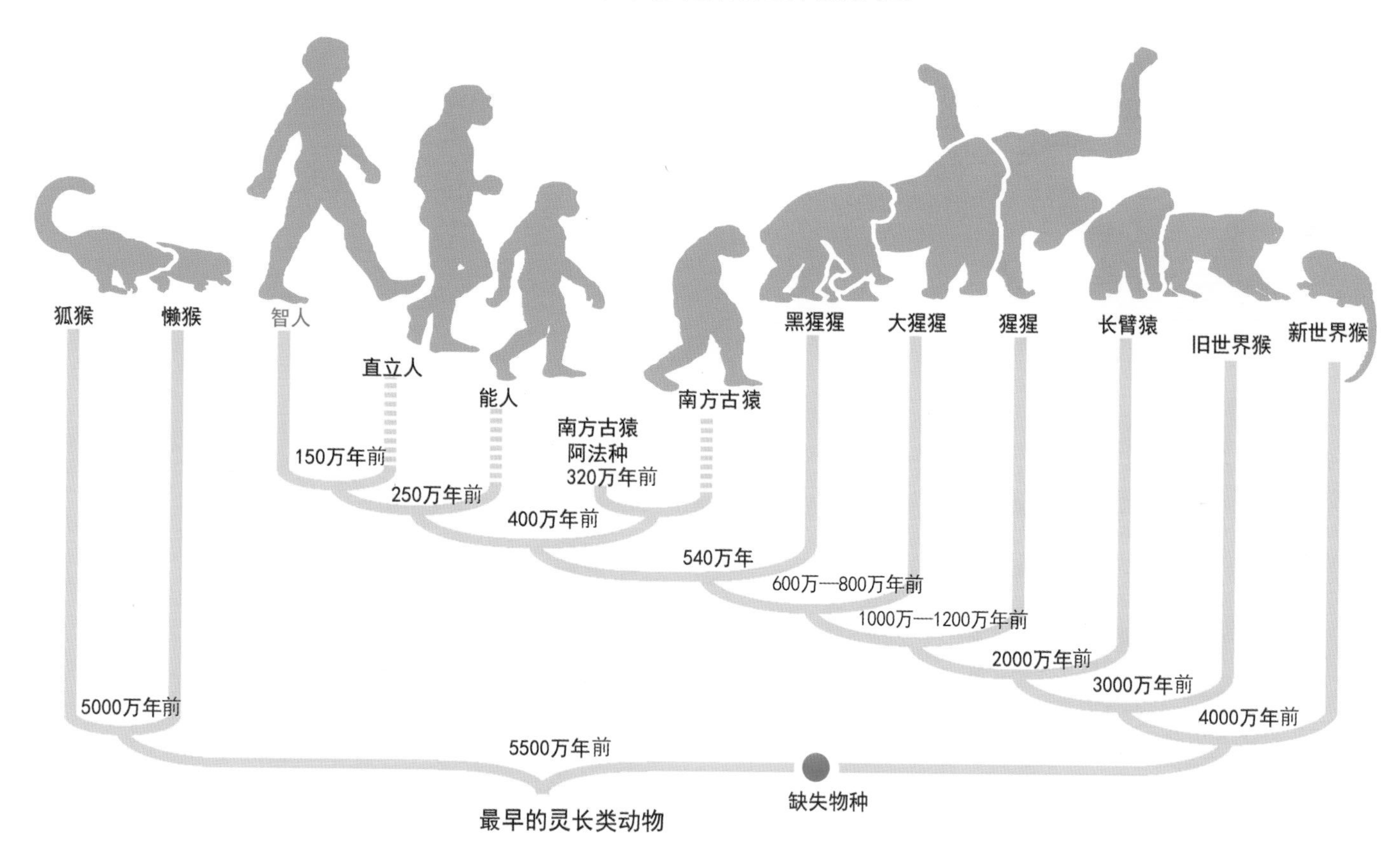

狐猴
懒猴
智人
直立人
能人
南方古猿
阿法种
南方古猿
黑猩猩
大猩猩
猩猩
长臂猿
旧世界猴
新世界猴
150万年前
250万年前
320万年前
400万年前
540万年
600万—800万年前
1000万—1200万年前
2000万年前
3000万年前
4000万年前
5000万年前
5500万年前
最早的灵长类动物
缺失物种

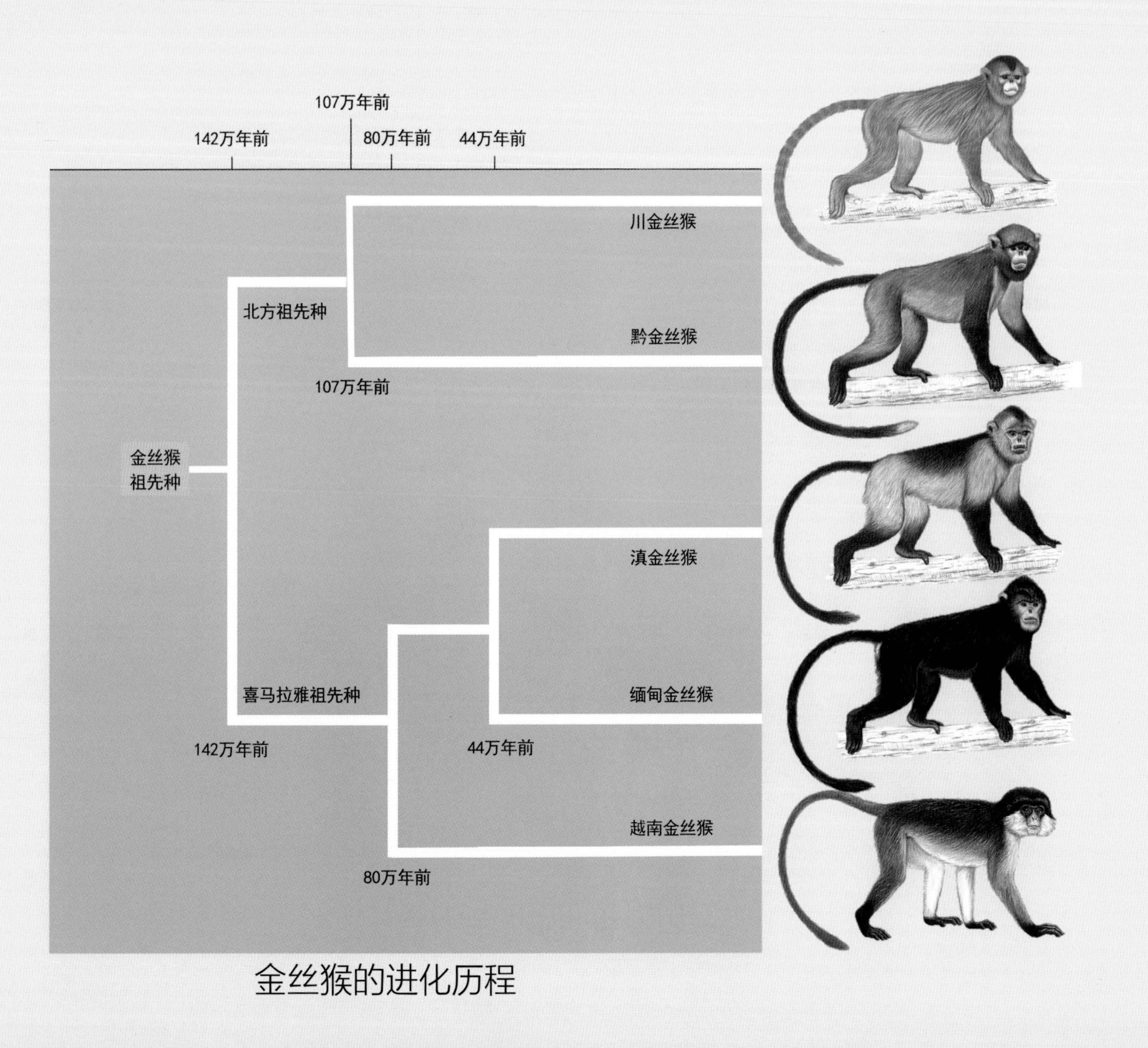
107万年前
142万年前
80万年前
44万年前
川金丝猴
北方祖先种
黔金丝猴
107万年前
金丝猴
祖先种
滇金丝猴
喜马拉雅祖先种
缅甸金丝猴
142万年前
44万年前
越南金丝猴
80万年前

金丝猴的进化历程

中文名字、拉丁名外，滇金丝猴还有一个英文名字，叫 Black-and-white snub-nosed monkey（黑白仰鼻猴），这个名字更符合它的特征。

有了名字后的很长一段时间，滇金丝猴因为藏身在深山老林当中，少有人知晓。20 世纪的 50~80 年代，是滇金丝猴历史上一次空前的浩劫。如今，滇金丝猴已经是中国第二国宝，可是人们对它也仅仅是混个脸熟，对于它了解得很少。

我所在的这个中国科学院动物研究团队所要做的工作，就是沿着前辈们的足迹，继续研究滇金丝猴。

有了研究目标，我们的工作就开始了。

在云南（简称滇）西北部，金沙江与澜沧江所夹的狭长地带，就是滇金丝猴生活的区域，除此之外，其他地方再找不到滇金丝猴的踪迹。它们栖息在海拔 2600~4500 米的原始暗针叶林中，有时也会在海拔 4300~4700 米的低矮灌丛、高山草甸或流石滩上活动数小时，甚至能够跨越近千米的无林高海拔地带，是除人类以外栖息地海拔最高的灵长类动物。根据我们之前的调查研究得知：滇金丝猴被分为 19 个小群。由南向北，从老君山、白马雪山到红拉雪山，它们占据着不同的地盘。其中生活在白马雪山的滇金丝猴数量最多。云南白马雪山位于云岭山脉，因其形如莲花而得名“白马”，在藏语中意为“莲花”，是藏传佛教八祥瑞物之一。白马雪山广袤的原始森林中，生活着 8 个滇金丝猴群，约 1200 只。依据它们所在的地方，我们给每个群都起了名字，从北往南分别为：吾牙普牙种群、茨卡通种群、归龙种群、施坝种群、响古箐种群、格化箐种群、安一种群、打尼拉种群。我们观察研究的猴群是分布于白马雪山的响古箐种群。

很多人对我们的工作很好奇，你们如何研究滇金丝猴啊？且听我细细道来。

我们的任务就是通过观察滇金丝猴群，记录它们的种种行为，以及发育、成长状况，为灵长类动物的行为研究提供基础性的资料。说具体点儿，就是通过行为观察和记录，掌握滇金丝猴的行为生态（起居规律、生活习性、食物种类）、社会结构（家庭结构、婚姻制度）、求偶策略（如何找对象）、繁殖策略（如何生儿育女、养育后代），等等。在充分了解它们的情况下，才能更好地保护它们。另外，研究滇金丝猴的行为对于认识我们人类自身也是大有裨益的。因为滇金丝猴的很多行为，人类社会中也有。比如阿姨行为，幼年猴不仅受到母亲的照顾，它的阿姨们也会关照它。还有滇金丝猴之间的竞争和合作关系，它们对待死亡的态度，它们的夫妻关系。你看，这些行为是不是我们人类社会中也有？人类社会中的这些行为是如何逐步产生的呢？这就需要先了解灵长类动物的行为，从它们那里寻找人类社会发展历程的答案。

在野外研究、观察滇金丝猴会受到多种因素干扰，情况复杂而不稳定，因此我们根据研究的实际需要，综合采用多种行为观察和记录方法，以尽可能详细地记录观察中发生的情况，包括焦点动物取样法和全事件记录法。

焦点动物取样法，就是在一定的时间间隔内，选取某一个个体，或者某几个个体（通常属于同一家庭）作为焦点动物，对其进行连续观察，记录这段时间内焦点动物所表现出的所有行为（包括行为的发生时间、结束时间、行为的类型、行为的结果等）。大白话就是，选择一只或者几只猴子盯着看，并且记下它们所干的一切事情。这种方法是目前动物行为学研究中最重要的方法之一。

全事件记录法，就是对于特定的事件，记录其发生的时间、结束的时间、参与事件的个体、事件进行的全过程以及具体细节等。简单来说，就是看见猴子在做一件事情，比如吃饭，我们记录整个吃饭过程，就是一个事件。全事件记录法通常用于记录一些随机发生的特殊行为，如婚配、打斗、杀婴、主雄猴替换等。在实际研究中，经常会将全事件记录法和焦点动物取样法结合使用，灵活切换，并尽量详细地记录特殊事件的各种细节。

我所在的研究团队，已追踪滇金丝猴群进行了10余年的观察研究，对滇金丝猴群的行为有许多详尽的记录，细看起来就像一部传奇故事。

现在，就随我一起走进白马雪山，来见证红唇美猴——滇金丝猴的传奇吧！

目 录

踏着春天的脚步，我们来到白马雪山的响古箐，生活在那里的一群滇金丝猴，就是我们要追踪观察的目标。

第一章 春季

灵长类动物生活于多种多样的环境中，它们采用不同的生存策略，以适应各种各样的生存环境。它们和我们人类一样，在长期的生存过程中发展出复杂多样的社会结构。滇金丝猴的社会结构是怎样的，它们之间以什么样的方式结合在一起，一群由多少猴组成，群的组成是否可划分为多个层次，这些都是我们所关心的问题。研究滇金丝猴的社会结构，有助于我们了解非人灵长类动物是如何适应不同的生态环境的，对有效保护它们具有重要意义。

婴猴　夏万才／摄影

响古箐猴群

提到猴群，大家常会联想到威风凛凛的猴王。其实，在自然界中，猴王是很少存在的。猕猴的群体中虽然有猴王，但那仅仅是象征性的。它们的猴王，只是雄性竞争中的佼佼者，在猴群中充当打手的角色，不能一呼百应。猕猴群中真正拥有权威的是高等级的雌性猕猴。雌性猕猴间存在血缘关系，等级分明，即便是猴王，对它们也得毕恭毕敬。和猕猴不同，滇金丝猴群中，连象征性的猴王也没有，那么猴群是如何维持秩序的呢？要想了解滇金丝猴的社会，就得走进它们的世界。

白马雪山维西地区，金沙江支流腊普河边，有一个叫响古箐的地方，那是一个傈僳族村庄。“箐”的意思是树木丛生的山谷，响古箐就是响古村上面的山谷。站在响谷菁，放眼望去，周围是广袤的原始森林，特有的冷杉林和云南松林遍布山顶和山脊。滇金丝猴便栖息在这片茂密的森林里。

2月底，走进这片原始森林，冷杉高耸入云，铁杉庄严静穆，藤本植物缠绕其上，针叶林里混杂着高山杜鹃。这时，杜鹃还没有开放，森林的色彩格外单调。这天早晨，在师弟夏万才的带领下，我们沿着蜿蜒的小路向猴群栖息地进发。万才是华西师范大学的研究生，在响古箐观察猴群已经两年了，这里的每一只猴子，他都能叫

滇金丝猴一家子　朱平芬／摄影

得上名字。为了节省时间，我们选择走林间小路。几经曲折，我们在一片冷杉林旁停了下来。万才指着这片林子说：“猴群就在这里！”我瞪大眼睛，抬头注意观察密林。果然，猴子们正在树上呼呼睡大觉呢。

“你看，”万才指着树上的猴子说，“这些在树上熟睡的猴子，它们以家庭为单位聚在一起，每个家庭占据一棵树休息，这些树被称为过夜树。”我们悄悄躲在树下，不敢惊动猴子，以免打扰它们休息。过了一会儿，猴子们睡醒了，开始下树活动，它们醒来的第一件事情就是寻找食物。

我首要的工作就是认猴子。这里的每一只猴子都有名字。它们的名字，是云南

白马雪山国家级自然保护区塔城野生动物救护站的何鑫民站长和我的师姐们根据每只猴子的特征给取的。这里的猴群由多个小家庭组成，它们是一夫多妻制，每个小家庭里有一只大雄猴（我们称其为主雄猴）、几只成年雌猴和未成年的婴猴或者少年猴（主雄猴和成年雌猴的孩子）组成。

成年雄性滇金丝猴　朱平芬／摄影

成年雌性滇金丝猴　朱平芬／摄影

万才开始教我认识这里的猴子："你看这只猴子，嘴巴上有个伤疤，我们叫它大花嘴。旁边几个是它的老婆和孩子。"但见这个大花嘴身材魁梧，比它的老婆大一圈。滇金丝猴雌雄差异明显，成年雄猴比成年雌猴大得多。一般情况下；成年雄猴的体重在 30~50 千克，成年雌猴只有 15~25 千克。万才告诉我，大花嘴是响古箐最风光的主雄猴，它有几个妻子，孩儿众多，威风八面。

万才接着介绍："这一家是'联合国'，主雄猴便叫'联合国'，它已经拥有 3 个老婆，它们原来属于不同的家庭，'联合国'的名字因此而来。'联合国'是响古箐的元老，早在 2010 年的时候它就来到了响古箐。虽然现在'联合国'已经老矣，但依旧威风不减。

"这边坐在树桩上专心觅食的是大个子，它因为个头儿大而得名，在猴群中也是非常有

青年滇金丝猴　朱平芬／摄影

地位的。之前，大个子凭借它强健的体魄和敏捷的身手，很快成为响古箐地区的“扛把子”（老大），直到后来大花嘴崛起，取代了它的地位。

大个子与儿子　*夏万才／摄影*

“滇金丝猴以家庭为单位进行活动，这些小家庭彼此独立，每个家庭占据一块地盘。家庭之间保持一定的距离。你看，大花嘴带着老婆、孩子们浩浩荡荡地走了过来，在最好的地方觅食，别的猴子都要避让。这就是地位的体现。滇金丝猴群中虽然没有一呼百应的猴王，但是主雄猴之间可是有等级之分的。”

猴博士小讲堂

滇金丝猴属于“一夫多妻”制，这种社会结构在亚洲和非洲各种生活环境下的很多物种中广泛存在，尤其是叶猴类与狒狒类。滇金丝猴“重层社会”制的社群内又由很多个“一夫多妻”制小家庭（社会单元）构成，每个小家庭内有一只成年雄性，若干成年雌性以及它们的后代。它们的雌性后代成年后会留在家庭中，而雄性后代接近发育成熟时会离开，进入全雄单元（也就是后面会讲到的光棍群）。很多这样的小家庭和全雄单元结合在一起，就形成了整个社群。这种社会也被称为重层社会，是灵长类动物中最为高级的社会结构。

严格的等级制度

封建社会存在严格的社会等级，讲究“父子有亲，君臣有义，夫妇有别，长幼有序，朋友有信”。滇金丝猴群中虽然不存在猴王，却存在等级。等级的存在是为了平衡猴群内部的矛盾。猴群中没有金钱的往来，它们的主要矛盾就是能量的支出和收入，消耗体内能量是支出，从食物中获取能量是收入。人类中有贫穷富贵，猴子中也不例外，在一个群体中，个体能量的收支一般情况下并非平均分配的。如果在食物丰富的地方觅食，就可以以最少的能量支出，获得最大的食物收入。反过来，如果在食物贫乏的地方觅食，消耗的能量多，而获得的食物收入少，情况严重时就会入不敷出。可是自然界中食物资源的分布是不均衡的，猴群中每只猴子都想去食物资源丰富的地方，少有猴子心甘情愿去食物匮乏的地方觅食。那么如何协调呢？这是我们关注的重点。

如果天天为了争抢食物而打得不可开交，那猴子们都不用生活了。在长期的适应进化中，等级结构就是平衡猴群能量收支和分配、对资源分配进行调节、减少冲突的一种形式，这在非人灵长类等群居动物中是普遍存在的。比如，高等级的个体

通过支配低等级的个体，独自占有食物资源丰富的地区，这样就可减少因竞争带来的能量消耗。

人类等级社会存在“朱门酒肉臭，路有冻死骨”的现象，你看，这滇金丝猴群中高等级的个体带着它的家庭成员，在食物最丰富的冷杉树下觅食，而那些全雄单元里的猴子都要避让，这就是等级的体现。滇金丝猴群家庭等级的排序得靠实力说

“单身俱乐部”成员 朱平芬／摄影

话。这个时期最能彰显主雄猴的地位。滇金丝猴的集体生活中，猴群是尊卑有序的，主雄猴威风凛凛，统率家庭。跟着有权力、地位高的主雄猴，整个家庭就可以享受最好的食物资源。当它们的家庭大嚼大咽时，其他家庭的猴子们只能站在一旁眼巴巴地瞧着，尽管垂涎欲滴，也不敢说一个不字。这就是主雄猴的等级地位决定了家庭的地位。一旦等级确立，各个家庭都要遵守这个约定俗成的规矩，即高等级主雄猴可以带着它的家庭到最好的地方觅食，到最安全的地方休息。而低等级的主雄猴只能屈服、回避。除非有哪只主雄猴站出来，挑战这个规则。

如今响古箐猴群中，大花嘴是等级最高的主雄猴，其次是大个子、“联合国”，地位最低的是那些光棍群的猴子。大花嘴拥有 5 个老婆，按照脸部特点，我们给它的老婆分别起名为：长脸、圆脸、方脸、毛脸、花脸。此外，大花嘴还有一个快 3 岁的儿子小强（和长脸所生），一个 3 岁的女儿玲玲（和圆脸所生）。这一家是响古箐“猴丁”最兴旺的家庭。大花嘴在地面上迈着霸王步，威风八面，它的家庭成员跟在后面，有的在地面行走，有的在树上跳跃。大花嘴

父与子 朱平芬/摄影

大摇大摆地走到“联合国”面前。它看上了“联合国”的地盘，想带领自己的家庭在此觅食。正在觅食的“联合国”显然不愿意离开。大花嘴不耐烦了，它龇牙咧嘴，发出恐吓声。“联合国”见势不妙，立即带领家庭成员离开。这是我们第一次见识大花嘴的威严。

在大花嘴和“联合国”的打斗中，等级体现得非常明显。所谓的等级，是通过两个个体间重复竞争性交往形成的，通常总是等级高的一方获胜，而其对手表现出屈服行为，这样就可避免将战斗升级。滇金丝猴群中，个体在社群中的等级关系，可以从个体之间的交往活动或社会行为表现出来。因为个体之间如果存在等级关系，可以预测攻击行为的方向，即一般多为优势个体攻击劣势个体。等级指的是一种社会状态，一种个体之间的社会关系，而不是某一种行为。

在刚才大花嘴和“联合国”短暂的交锋中，大花嘴作为胜利者被称为优势个体，等级高于“联合国”；而失败的“联合国”被称为劣势个体，等级低于大花嘴。群居的滇金丝猴可以通过建立等级制度来调整个体对资源的获得程度，即优势个体能够获得更多的资源，从而避免个体间的恶性竞争。

“联合国” 朱平芬／摄影

王侯将相宁有种乎，滇金丝猴个体之间的等级也不是一成不变的。有些时候等级低的个体产生僭越之心，会挑战等级高的个体。获胜后就可以提高自己的等级，失败了就得屈服。很多时候，等级的确立需要反复争斗。当那些高等级的优势个体因为年龄、身体状况等原因丧失等级地位时，年富力强的雄猴们就可以趁机取而代之。

大花嘴 朱平芬／摄影

猴群中的等级是如何建立的呢？在人类封建社会中，存在世袭罔替，一出生就确定了等级，即所谓的龙生龙，凤生凤。在猕猴中，也存在等级遗传现象，高等级的个体生的后代等级也高。但是，滇金丝猴等级制度的建立不同于此。

动物学家采用了许多行为指标来研究非人灵长类社群内的等级关系，如：猴群中不同个体对食物、水等利用的优先权，趋近—退缩和回避行为，理毛行为，姿势和步态，等等。目前学术界广泛接受的判断等级高低的标准是：当一个个体在竞争性交往中获胜的次数多于另一个个体时，前者就被称为优势个体，后者被称为劣势个体。

回到滇金丝猴群，争夺食物和交配权可促使个体发生激烈的竞争，最后使个体间形成暂时稳定的社会关系。早期的等级关系虽然是通过个体间反复的争夺建立起来的，但等级确立以后，个体间的高强度攻击行为就很少发生，取而代之的是相对较弱的仪式化进攻。所谓的仪式化进攻，类似于人类中的比赛，点到为止，而不是你死我活的厮杀。小家庭里的主雄猴是竞争的核心，它在猴群中的顺位，就代表家庭的地位。主雄猴凭借打斗决定自己在猴群中的等级。等级建立后不仅控制着社会性动物的社会交往活动模式，也决定着它们的各项生活形式，如何时休息或移动、在哪里休息、移动地点、取食以及繁殖情况等。所以等级在社会性动物的生活中有着重要的作用。等级关系是动物在一起长期适应的结果，因为它不仅有利于保持种群的稳定，避免个体之间的战斗和伤亡的扩大化，而且也能使幼弱者得到群体的保护。

光棍群

在滇金丝猴群中，除了一个个小家庭外，还存在一个由单身汉组成的群体，我们称之为光棍群，专业术语叫全雄单元。对于整个大的猴群来说，光棍群的存在并非多余。我们观察、研究滇金丝猴群中的光棍群，可以进一步探讨光棍群内以及它们与其他小家庭之间的关系，进而可以深入了解光棍群里一些不为人知的秘密。

光棍群的成员显得比较松散，活跃在各个家庭的周围。它们是整个猴群的不安定因素，和各个小家庭之间的关系非常微妙。

在滇金丝猴的世界里，雄猴一般在 3 岁左右会被赶出家庭，独自生存。被赶出家庭的青年猴们就生活在光棍群里。虽然离开了家庭，但这些小雄猴并不寂寞，这里有许多年龄相仿的伙伴可以一起玩耍。光棍群中的猴子，年龄跨度非常大，它们主要是 3 类猴：其一，遭到家庭驱赶的青年雄猴；其二，那些曾经的主雄猴，被别的猴子抢走了家庭，流落到光棍群；其三，那些年轻力壮的单身汉，多在 7~10 岁。它们早已发育成熟，到了该娶老婆的年龄，只是暂时还没有找到，处于单身状态。这些年轻力壮的单身汉对猴群里的各个小家庭虎视眈眈，对那些小母猴爱慕良久，只是惧怕主雄猴，一时还不敢胡来。等到秋季繁育期的时候，这些成年的单身汉就会按捺不住。

扫一扫，登录“中少总社阅读魔方”微信公众号，回复“跳跃”，观看精彩视频（朱平芬拍摄）

光棍群中有一只猴子特别显眼，它一副桀骜不驯的样子，偏向一边的朋克式发型，充满挑衅的眼神。我们根据它那独特的发型给它取名朋克。朋克可是大有来头的，它以前不在响古箐，前段时间才跑到这里来。没人知道朋克从哪里来，它以前的生活是怎样的，更没有猴子知道它此行的目的，为了食物还是美眉？朋克没有暴露自己的意图。

猴群并不排外，但是朋克的容身之所只有一个，那就是光棍群。这是一个松散的组织，来去自由。流浪的朋克自然明白这一点，它一来到响古箐便加入了光棍群。群里的成员对于新来的朋克并没有多少兴趣，只知道它和自己一样也是光棍，但也觉察到这只新来的猴子不好惹。朋克没有把自己当客人，一来便反客为主。即使正在觅食的猴子看到它也会立即躲开，否则就会遭到它的恐吓。也难怪，此时光棍群里的猴子没有一只可以与它对抗。不等朋克动手，单是它那魁梧的体形就令众猴不寒而栗，当它张开嘴露出闪着寒光的牙齿时，那些猴子更是早就屈服在地了。

我们现在还不清楚朋克的真本事如何。从外形上看，它体格强健，身形魁梧，和大花嘴不相上下。外来的朋克加入光棍群后，开始了新的生活。这是一个全新的世界，不会受到家庭的束缚，群内有好多和它一样的同龄猴，可以自由自在地生活。

此时光棍群里还有一只大雄猴，它年龄最大，坐在杜鹃树上，正在悠闲地取食。它的脸上留有两道伤疤，彰显岁月的沧桑。它便是双疤，也曾拥有自己的家庭，妻儿成群。后来它被大花嘴打败，老婆和孩子都被大花嘴抢走了，只好独自流落到光

对于整个大的猴群而言，全雄单元的存在并非多余，它们和各个小家庭既相互独立，又存在联系，是群体中不可或缺的组成部分，共同组成一个统一的集体。滇金丝猴全雄单元内的个体是猴群结构变化的重要原因，这些光棍是猴群中的不安定因素，它们的存在对各个小家庭构成威胁。猴群中家庭之间有联系，各个家庭和全雄单元也存在联系，构成了所谓的双层社会（重层社会）。全雄单元的存在，不仅是滇金丝猴，也是整个仰鼻猴属形成重层社会的原因。全雄单元内的个体和其他小家庭一起行动，单身汉之间也会发生冲突，很多时候是为了争抢食物。

棍群里。它看上去凶巴巴的，对于朋克的加入，既不欢迎，也不排斥，好像和自己没有什么关系。

有一天，朋克在觅食，突然间，双疤冲了过来。很明显，它想占领这块觅食区域。

双疤突然站立起来，大吼几声，向在这里活动的单身汉们发出“逐客令”。众猴皆惊，把目光投到朋克身上。朋克可不是省油的灯，平日里都是它欺负别的猴，怎么会受其他猴的气？朋克立即对双疤做出回应，它抬起上肢，张开大嘴，一口牙齿闪着寒光，中间的两颗非常长，如同匕首一般。滇金丝猴用这样的行为表示威胁，类似于人类发火。

战争一触即发。朋克和双疤扭打在一起。双疤一只手搂住张开大嘴的朋克的脖子，张开嘴来咬朋克的脸。朋克用力挣脱，一把将双疤推开。双疤没有站稳，往后退了几步。朋克见势发起第二回合的进攻，它快速上前，一把将双疤推倒。双方在地上扭打在一起。几个回合下来，朋克占据上风。渐渐地，双疤体力不支，朋克则越战越勇。

双疤见敌不过朋克，就前肢伏在地上，低下了头。在滇金丝猴的行为中，这表示屈服，翻译成人类的语言就是认㞞。果然，朋克看到双疤屈服了，没有再进攻。猴群的打斗是有分寸的。在争夺地盘的时候，它们往往不会真打，因为一旦打起来往往两败俱伤。既要驱逐对方，又不至于互相残杀，得有一个两全其美的办法。在长期的进化中，滇金丝猴之间形成了一种默契，叫作“仪式化进攻”。这是一种既能决出胜负又能减少伤亡的固定仪式。

光棍群这边，众猴要么观望，要么早就逃跑了。也难怪，光棍群里的猴子们大都没有血缘关系，它们仅仅是聚在一起而已。一到打斗时刻，没谁愿意上前出力。

这之后，朋克不断找其他猴子挑战，无一例外都获得了胜利。后来，一旦朋克出现，光棍群里的其他猴子就会弯腰趴在地上以示屈服。在光棍群里，朋克已经没有对手。但是对于其他家庭的主雄猴，它还没有发起过挑战。

猴博士观察笔记

如何区分不同年龄的猴子

经过一个月的排查，我终于摸清了这些猴子的家底。目前这里的滇金丝猴有 55 只，它们分属于 9 个家庭，除了前面讲到的几只主雄猴外，雄猴还有单疤、断手、裂鼻、红脸、红点、新胜以及光棍群里的几个成员。

根据猴群中不同个体的体形、牙齿特征、面相和生殖器特征，可以推测它们的大致年龄。

成年雄猴：猴群中体形最大的个体（比成年雌性大 1.5 倍左右）。臀部有白色长毛，遮盖住了坐骨胼胝。被毛黑白分明，头部的长毛向前垂下。尾毛长而蓬松。

成年雌猴：身长约为成年雄性的 1/3 到 1/2 。坐骨胼胝可见。被毛颜色与成年雄性相比略呈灰黑色。臀部黑色的脐月氏体明显，前胸有可见的黑色乳头，身边经常有婴猴活动。

亚成年雄猴：体形小于成年雄猴，通常与其他没有配偶的雄性个体一起在全雄群中活动。

亚成年雌猴：体形小于成年雌猴，年龄在 3~4 岁，被毛为灰色，乳头不明显。已出现邀配行为。

少年猴：1~2 岁，体形较小，被毛为浅灰色，偶尔与婴猴玩耍。

婴猴：出生到 1 岁龄之间的小猴，被毛从白色到浅灰色，经常待在母亲或其他个体怀里，经常与其他婴猴或少年猴玩耍。

扫一扫，登录“中少总社阅读魔方”微信公众号，回复“婴猴”，观看精彩视频（朱平芬拍摄）

威严的主雄猴和妻儿在一起　夏万才／摄影

婴猴出世

春季是滇金丝猴生儿育女的季节，繁育下一代是非常重要的事情，关系到整个猴群的兴衰。可是从来没有人观察到和记录下猴妈妈生育的过程。因而在滇金丝猴的繁殖期观察猴妈妈的活动成为我们的研究重点。

3 月，响古箐依旧春寒料峭，乍暖还寒，仿佛还沉寂在冬季，不曾复苏。不过，众多生命都在积攒力量，你看杜鹃的枝条开始变得柔软，过不了多久，它们便会绽放出满枝的花朵，到那时，漫山红遍。春季是滇金丝猴群的生育期（2~5 月）。也就是说，小婴猴都出生在依旧寒冷的春季。雌猴在这段时间分娩，是长期进化的选择。对于滇金丝猴妈妈而言，生养孩子是一件极为消耗精力和能量的事情，从怀孕到婴猴出生，历时 6 个月左右，这期间猴妈妈必须吃到足够的食物，获得充足的营养。这也意味着猴妈妈的生育和食物供给有很大关系。滇金丝猴生活在高山暗针叶林中，食物的数量和质量都受到季节的影响。滇金丝猴之所以选择在春季生育，是因为很快就要到来的夏季和接踵而至的秋季食物非常丰富，只有获取丰富的食物，猴妈妈才会有充足的奶水哺育婴猴。

大花嘴的老婆长脸经过近 6 个月的孕期，这几天将要迎来分娩的时刻。不到临产期，从外表上很难看出长脸怀孕了。滇金丝猴无论雌雄，都肚大腰圆，看起来和怀孕一样。这不是它们不爱运动导致的肥胖。肚子大主要是因为它们以松萝、地衣、阔叶树的芽叶以及竹笋等为食。这些食物的营养含量都比较低。为了保证获取足够的能量和营养，滇金丝猴必须不停地吃、吃、吃，肚子就这样被撑圆了。这个时期，猴群会选择一个隐蔽的地方，供母猴分娩。

整个猴群躲进了森林中最为偏远的地方，重要的日子里，猴群不希望被外界打扰。在雌猴集中分娩的日子里，猴群停止了游走（类似于人类的搬家），开始在一个区域短时间驻守。平日里，猴群很像游牧民族，追逐水草丰美的地方居住。它们把一个地方的食物吃得差不多了，就换一个地方，不会在一个区域长期停留。

大花嘴全家进入"戒严"状态，严守自己的领域。长脸也收起性子，开始了它的准妈妈生活。除去体形上有了"大肚子"的变化外，长脸在行为上也显得比较慵懒。为了保证胎儿健康发育，它的动作变得缓慢起来，很少跑动、跳跃，几乎不参与打闹。长脸每日的生活便是吃吃东西、晒晒太阳、睡睡懒觉、和姐妹们互相理理毛。

这天一大早，长脸进入了临产状态，它变得躁动不安。它的肚子开始起伏，好似出现了胎动。大花嘴来到一棵大树上，左顾右盼，像是在察看地形，随后，它便在大树的枝桠处停了下来。过了约 5 分钟，长脸也来到这棵树的一个枝桠处，坐在离大花嘴约 5 米远的地方。紧接着，大花嘴的另外几个老婆也赶来了，它们很快将长脸围了起来。小强和玲玲不知道家里发生了什么事，也挤过来，瞧热闹。大花嘴则在斜出的粗树枝上不停地走动，警惕地扫视四周，警戒八方。长脸准备生产了，它选择树上作为产房。长脸轻轻地扭动身体，发出轻微的叫声。10 分钟后，它大声尖叫，婴猴头部的毛冠露了出来。又过了 4 分钟，婴猴的头部完全露了出来。随后，周围的其他雌猴用双手把婴猴拉了出来。

我们观察发现，第一次生育的雌猴会得到家庭中其他雌猴的帮助。不过，对于有过生育经历的长脸，自己基本上就可以完成整个生宝宝的过程了。其他雌猴只是在关键时候帮忙，这样可以降低婴猴的死亡率，会使整个猴群受益。之所以互相帮

助，是由于成年雌性待在同一个群中，形成了很强的亲缘关系。

婴猴出生后，长脸切断脐带，并且快速吃掉胎盘。对于产后的母猴而言，吃掉胎盘不仅可以及时补充营养，还可以消除痕迹，躲避天敌追捕。长脸给自己补充营养后，开始舔干新生儿的毛发。又过了几分钟，长脸轻轻举起新生儿，爬下树，到地面上开始觅食。

大花嘴家迎来了一个新的生命。这是一只雄性小猴，只有手巴掌大小，体重只有大约 500 克。但见此婴猴除头顶和背部有极少的黑毛，尾端约为尾长的三分之一处是黑毛外，其余均为白毛。脸部裸露，皮肤、鼻梁、眼眶均为青蓝色，手、脚掌和指（趾）为肉红色。头呈长方形，耳廓无毛。新生幼仔的毛色与成年个体有着显著的不同，被毛基本为白色，我们给它起名叫 “大圣”。大圣刚出生时，四肢和脖子非常柔软，只能待在猴妈妈的怀里。

长脸母性极强，对婴猴照顾得无微不至，走到哪儿带到哪儿。这个阶段，大圣如果离开母亲，根本无法存活。它身体脆弱，离开母亲温暖的怀抱，将无法忍受山林中高寒的气候；没了母乳，也会很快被饿死。长脸恢复得快，第一天完成分娩，第二天白天就带着大圣跟随着群体活动。一看它抱小猴的姿势，便知道长脸是一个有经验的妈妈。长脸用右前肢抱着大圣，左前肢不时将孩子向自己的胸部托起。这时，大圣的头部向上抬举并发出尖细的叫声，待找寻到乳头后就不再叫了，而是发出吮吸声。当长脸采食时，大圣如果发出叫声，长脸便会用前肢紧抱住它。一周后，大圣可以用自己的后肢抓搔头、背部了。

夜间休息时，长脸和大圣的阿姨们面对面相依，将大圣夹于中间，这样既可挡风又可取暖。

产仔季节刚过，猴群的游走速度一天快似一天，每天除中午 12 点到下午 2 点歇息外，整个白天都在游走、进食。

非人灵长类的季节性生育和食物有关，食物丰富的时候才能更好地养活后代。比如，栖息在乌干达的红绿疣猴，生育高峰出现在雨季食物最丰富的时候。

有些学者用捕食饱和假说来解释动物的季节性繁殖。也有些学者用天敌捕食假说来解释动物的季节性繁殖。天敌捕食假说认为动物集中在某一段时间生育是应对天敌的一种策略。因为幼年动物往往最容易被天敌捕杀。如果动物在一年四季内都生育，那么它们的后代可能会被天敌分批地全部掠夺。因此，动物将生育集中在某一时期内，这样使得天敌不可能将新生幼仔全部捕食，增加了生存的机会。以此观之，滇金丝猴的季节性繁殖并不适用于天敌捕食假说。因为滇金丝猴面临的捕食压力并不大，由于人类的大量捕杀，滇金丝猴的一些潜在天敌，如犬科和猫科动物现存的数量已经非常少了。

滇金丝猴是典型的季节性生育，这种生育模式与季节性食物供给有关。对雌滇金丝猴而言，生养孩子是一件极为消耗精力和能量的事情，从怀孕到婴猴出生，猴妈妈必须保障自己和孩子的食物供给。如果食物摄入不足，就会延误生育以及婴猴的成长。滇金丝猴集中在春季生育，不久就可以赶上食物最为丰富的夏季和秋季。只有获取丰富的食物，才能保证猴妈妈有充足的奶水哺育婴猴。

猴博士观察笔记

婴猴成长过程

1 日龄，前肢能抓握母猴腹部皮毛。母猴紧抱着它睡，颈无力，有时下垂，吮吸母乳。

2 日龄，吸乳、蹿动，有往外挣脱母猴限制的欲望，被其他母猴抱住时发出叫声。

3 日龄，自行搔痒，手能抓挠母猴腹部，探头张望。

4 日龄，挣脱母猴的限制，挥动前肢，往前爬，离开母体，坐在地上或母猴两脚之间。

10 日龄，有抓握能力，离开母猴，在母猴周围 1 米范围内活动，但动作不协调，紧握树枝向上蹿动。

20 日龄，在地面行走，爬行，跳跃，抓拿东西，伸手向母猴讨东西，可向上攀援 1 米左右。在母猴头、身上爬行。

30 日龄，在地面和树枝上自由平稳行走，在周围向上攀爬和向侧移动，啃树叶，跳跃，可跃出 30 厘米以外。仔猴相互玩耍。

40 日龄，在树枝上平稳行走，相互玩耍，尝试着吃杜鹃花。

60 日龄，悬吊于树枝或紧握大猴尾巴摆动，吃少量水果及嫩叶，取食不灵活。

90 日龄，在树枝上跳跃，单手悬吊摆动，两腿直立走动，离开母体时间长。

120 日龄，活动自如，吃多种植物，和大猴玩耍。

150 日龄，受惊时会迅速跑回母猴怀里。

175 日龄，全身换毛后，毛色及肤色与成年猴相似。

180 日龄以后的婴猴，行为活动基本与成年猴类似，毛色也近似于成年猴的。

猴妈妈的育儿经

母婴关系是哺乳类动物最重要的社会关系之一。与其他体形大小相近的哺乳类动物相比，灵长类动物的幼仔属于晚成，在相当长的时间内需要依赖亲代（父母）给予照料才能存活。除了南美洲的少数几种灵长类动物，如跳猴和狨猴，在绝大多数灵长类动物中，母亲都是后代的主要照料者。母亲的照料对婴猴的存活起着关键作用，从而也决定了整个种群的繁殖成功率。母亲的育幼行为对婴猴的发育乃至它们成年后的社会交往都具有重大的影响。大圣出生后，我们的关注点全都放到这个小家伙身上了。我们要看看长脸是如何照顾大圣的。

大圣出生后，最忙碌的当属长脸了。长脸已经不是第一次生育了，它有着自己的育儿经，在动物行为学上我们称之为育幼模式，大白话就是怎么带小孩。

平日里，我们发现长脸一直把大圣抱在怀里，尤其是大圣刚出生的 2 周里。长脸对孩子的照顾和这里的其他小动物很不一样。苏门羚的宝宝出生后，羚羊妈妈就让它自己活动。在它们看来，猴妈妈过于溺爱自己的孩子了。其实不是这样的。每种动物有着不同的育幼模式。大圣在春季出生，此时还比较冷，而初生的大圣被毛稀疏，保温能力差。长脸只好将大圣抱在怀里给它保温。

长脸携带孩子的方式很独特，它把大圣带在自己的腹侧。大圣四肢紧紧抓住长脸的毛发，身体的朝向与长脸一致，脑袋刚好在妈妈的胸前，这样不管长脸是否有精力照看大圣，当大圣感到饥饿的时候，都可以很方便地吸乳填饱肚子。这种携带方式对长脸的日常行为，如走动、取食、社交的影响不大。在大圣能独立活动之前，长脸就是通过这种携带方式跟随大群活动的。此外，这种携带方式可以保护大圣不受天敌和猴群其他个体的攻击。还有，长脸携带大圣可以使幼仔保持与群体的接触，有助于大圣与其他个体建立社会关系，帮助大圣模仿和学习成年个体的行为。看来滇金丝猴带孩子的方式也是有讲究的。

此时的大圣身体柔弱，抓握能力不强，没有自我保护能力，简单的日常活动也容易带来伤害。而大圣已经对外面的世界充满了好奇，它很想到处走一走，看一看。这不，大圣在一棵杜鹃树的树枝上荡秋千，一不小心从树上掉了下来。长脸立即把它抱起来，轻轻拍打几下，以示教训，让它知道哪些事情可以做，哪些事情不可以做。长脸不会任由大圣胡闹，会限制它的活动，长脸大多数时间把大圣抱在怀里，只有怀里才是最安全的。

杜鹃花　朱平芬／摄影

两只婴猴　朱平芬／摄影

婴猴吃奶　朱平芬／摄影

母子　*夏万才／摄影*

妈妈的怀抱固然温暖，可是天性好动的大圣待久了也会觉得无趣。拗不过大圣，长脸只好让它自由活动一下。大圣一下子欢腾起来，又跑又跳的。它跑到附近阿姨的身边，爬上去摸摸阿姨的脑袋，顽皮地把手指伸进阿姨的嘴巴。阿姨被大圣搞得苦不堪言，不过并不和它一般见识，淘气是小猴享有的特权。大圣有时也会跑到父亲大花嘴身边，牵住大花嘴的尾巴玩。这下就出格了，大花嘴一向高冷，从来不和小猴一起玩，它有些不耐烦了，龇牙瞪眼警告大圣。这时长脸立即拽住大圣的尾巴将它拉回身边，抱回怀里。

猴妈妈天性温和，即便是大圣做了些出格的事情，也不会对大圣大吼大叫。滇金丝猴妈妈的这种育幼模式，被称为放任型。当发现天敌或者种群内其他个体之间打架时，长脸也会迅速抱起大圣，以保证孩子的安全。

玩累了，闹够了，大圣饿了，就跑到长脸的怀里吃奶。大圣是哺乳动物，和我们人类一样，小时候靠喝妈妈的奶长大。长脸分泌的乳汁含有大量的营养，能够保证大圣的能量需要。乳汁还有一项重要的功能，里面含有免疫性抗体，可帮助大圣增强抵抗力，使它更好地在复杂的自然环境中生存。大圣在1岁之前都是靠妈妈的乳汁填饱肚子的，很多小猴1岁之后还经常含着妈妈的乳头，早期的习惯使它们产生了依赖。

吃饱喝足之后，长脸还要给大圣理理毛发。理毛可不是人类的理发，它有点儿类似于抓虱子。你看，平日里猴群中的猴子们都很整洁，这是因为它们很讲究卫生。理毛就具有搞卫生的功能。这个时期，大圣还不具备自我理毛的能力，无法进行自我清洁，所以需要长脸的帮助。长脸把大圣抱在怀里，用手开始梳理大圣的毛发，从头部开始。通过给大圣理毛，去除皮肤表面的寄生虫、分泌物和灰尘等，从而让大圣的身体更清洁、健康。大圣舒服极了，每次妈妈给它理毛的时候都是它最安静的时候。等到大圣长大了，就可以帮着妈妈理毛了。在大圣的成长过程中，母亲给它理毛，还是培养母婴亲情的一种方式。除了长脸外，有时候家里的阿姨和姐姐们也会给大圣理毛。

值得一提的是，猴妈妈带孩子的方式也不是一成不变的，会受到周围环境、食物状况、自身的生育状态等多种因素的影响。不同家庭中的母猴对待小猴的方式有很大差别。有些母猴很谨慎，小心翼翼地时刻守护着孩子，不肯让小猴离开自己半步。有些母猴则十分放得开，小猴随处跑也很少管，等到小猴叫唤着找妈妈的时候才去将它抱回怀里。这种差异是由许多因素造成的，除母猴本身的性格差异之外，母猴的年龄、等级、生育史、新生儿的性别、猴群的规模等因素，都可能

小猴在妈妈身边玩耍　朱平芬／摄影

影响到母猴与新生儿之间的互动。

长脸在大圣成长的不同阶段也会采取不同的育幼模式。长脸采用的育幼模式，可能与其食性和所在猴群的结构相关。人说“仓廪足而知礼节，衣食足而知荣辱”，在动物中也是同样的。食物的种类、获取情况会对动物的行为模式产生重要影响。滇金丝猴能够取食的植物种类较多，其中松萝是它们的主食。松萝在冷杉林中大量生长，分布均匀，容易采摘。相比其他动物，滇金丝猴的食物获取相对容易，降低了猴群内部对于食物的竞争，所以个体间的关系较为缓和，因食物发生激烈冲突的情况比较少。这就意味着，长脸不需要花费大量的时间和精力来保护幼仔，所以表现出比较宽松和放任的育幼模式。

猴博士小讲堂

滇金丝猴的典型社会结构是一雄多雌结构，没有配偶的雄性聚集在一起组成非繁殖群，雌性滇金丝猴与猕猴类的雌性相比，在种群内较少参与攻击性竞争。因此滇金丝猴母亲会采取较为松散的育幼方式。在一个特定的物种中，母亲的生育经验（经产或初产）、等级地位和幼仔的性别等都可能对母婴关系产生影响。母亲育幼行为的种间差异主要表现在两个方面：保护和拒绝。保护在这里是一个广义的概念，涵盖母亲对幼仔的所有照料行为，包括哺乳、怀抱、身体上的接触、理毛、携带以及发生危险时的保护行为等。拒绝行为指母亲在婴猴发育的过程中，拒绝持续照料婴猴的情况，包括拒绝婴猴与自己接触、停止携带婴猴，以及断奶等，母亲的拒绝既可能是暂时性的，也可能是永久性的。

热心的阿姨们

在很多群居的灵长类动物中，母亲以外的其他雌性成员也会对婴猴产生浓厚的兴趣，甚至会表现出各种照料行为，这被称为阿姨行为或拟母亲行为。阿姨行为在不同物种中的表现形式受到了灵长类研究者的关注和重视。灵长类动物在诸多行为表现上与人类有着高度的相似性，研究灵长类动物的阿姨行为，对了解人类的行为发育、进化历程有着重要的意义。

“人间四月芳菲尽，山寺桃花始盛开。”4月，随着山上杜鹃花逐渐开放，响古箐终于跟上了春天的脚步。经过一个冬天的沉淀，美丽的杜鹃花给春天的山岗披上了美丽的外衣。最先开放的是马缨杜鹃，它开得早，开花期也长。

这时，大圣已经一个月大了，它不仅可以在地面上自由平稳地行走，还能在树枝上向上攀爬和向侧移动，它还第一次移动到了离母亲一臂以外的地方活动。行为能力的增强让大圣可以进行更多的尝试，它可以试着啃啃树叶，晃晃树枝。

大圣在出生后的头一个月，还不能独自走动，都是由长脸携带着的。长脸除了觅食，每天最重要的事情就是给大圣喂奶、理毛。有时候大圣很调皮，试图摆脱妈妈的怀抱，或者想要走远一点儿的时候，长脸就会拽住它的腿或尾巴，将它留在自己身边。

大圣出生后，一下子成为大花嘴家里重点照顾的对象。我们发现，不仅长脸对大圣照顾有加，大圣的阿姨们——大花嘴另外 4 个妻子，还有姐姐玲玲，也很会照料大圣。这就是所谓阿姨行为。滇金丝猴为何会出现阿姨行为呢？难道仅仅是因为血缘关系吗？我们继续观察，寻找答案。

对于长脸而言，阿姨们的参与并没有减轻它的负担，很多时候还会帮倒忙。中午休息的时候，长脸正端坐在树上给大圣喂奶。忙碌了一上午，它也正好休息一下。这个时候，大圣的一个阿姨突然跑过来，将大圣抱走了。长脸有些不高兴，它不是小气不让抱，而是此时它正在给孩子喂奶。长脸立即把大圣夺了回来。这样一来二去，不仅影响给孩子喂奶，还白白消耗体力。在这段时间，阿姨抱走大圣往往是好

阿姨们争相照顾婴猴　*夏万才／摄影*

心办坏事，不仅不能减轻母猴的负担，甚至可能会影响大圣成长。长脸也知道自己的姐妹们疼爱孩子，可是对于它们的添乱，长脸也不开心。在大圣一个月大的时候，长脸并不希望阿姨过多地参与照顾大圣。长脸希望自己找东西吃的时候，阿姨们能够帮忙抱抱大圣。可是这个时候，阿姨们往往也在寻找吃的，无暇顾及大圣。

母与子　朱平芬／摄影

对于大圣来说，世上只有妈妈好。不管是姐姐还是阿姨，谁的怀抱都没有妈妈的温暖，谁都没有妈妈温柔。有一天，大圣正在妈妈怀里休息，花脸把大圣抱了过去。花脸即将做妈妈了，它把大圣拽来抱一抱，试试怎么带着小猴行走、给小猴理毛，找找当妈妈的感觉，积累点儿照顾小猴的经验，这样的经验越多，花脸做妈妈时就可以越从容。可是大圣刚被抱走，就叫着找妈妈。这一叫，花脸的阿姨行为就变成绑架行为了。长脸赶紧过来，一把把大圣抢了回来，还对着花脸龇牙咧嘴，发出恐吓声，好像在说："以后不要碰我的孩子！"此时的花脸，一脸无辜的表情。

花脸没有孩子，它想拿大圣练练手，过一下当妈妈的瘾，这还好理解。可是圆脸也凑过来抱大圣。圆脸是长脸的姐姐，也就是大圣的大姨，它有一个 3 岁的小母猴玲玲。它主动照料大圣并没有特殊的原因，只是一种单纯的母亲行为。可爱的大圣对所有雌猴都有吸引力。不过，随着大圣慢慢长大，阿姨们似乎对它失去了兴趣，对它的照顾就少了。

可是大圣越大越黏人，喜欢缠着阿姨玩，时常围在阿姨和姐姐身边转，有时还对着它们撒娇，要求抱抱。大圣这么做，其实是通过与家庭内部其他雌性个体的接触，建立良好的社会关系，这对它未来的行为发育和社会交往都很重要。

只是自从上次大圣被大花嘴呵斥之后，它就不敢靠近爸爸了。在大圣眼里，爸爸总是那么严肃，从来没有抱过自己，它对爸爸产生了强烈的畏惧。

猴博士小讲堂

阿姨行为对于滇金丝猴母亲的帮助并不大，很多时候是在帮倒忙。阿姨行为多发生在母猴休息、喂养婴猴的时候。这个时间段，阿姨把婴猴抱走，会影响母亲喂奶，对于婴猴成长不利。母猴要把婴猴夺回，还要消耗体力。随着婴猴年龄的增长，独立生存能力逐渐增强。这个阶段阿姨行为也对滇金丝猴母亲起不到帮助作用。母亲在阿姨行为中并没有获得明显的帮助。但因为滇金丝猴家庭单元内部雌猴大多数都具有血缘关系，竞争强度较低，那些非母亲个体大多数是婴猴的外婆、阿姨、姐姐，不会对婴猴进行攻击和虐待，所以母亲对阿姨行为较为容忍。

携带死婴猴

近年来，研究者开始关注灵长类动物对死亡的认识。其中，母亲对死亡婴猴的态度更是引起了研究者广泛的注意。在日本猴、狮尾狒和黑猩猩中，都发现了母亲携带死婴的行为，持续时间可能为1天至几天，也可能长达1个月甚至更长。这种行为看起来是毫无意义的，死婴的腐烂还可能对携带者造成损害，如传播寄生虫、传染疾病等。研究携带死婴行为，对探讨灵长类动物乃至人类对死亡的认识有着重要意义。

5月，响古箐的大白花杜鹃次第盛开。大白花杜鹃的开花时间最晚，从5月初至5月末或6月初。它们用壮丽的生命，延续着一个多彩的花期，演绎着一场生命的接力。

此时大圣2月龄了，随着大圣身体力量的增强，猴群移动的时候长脸就不需要再用手扶持它了，大圣完全可以独立抓握住母亲的皮毛。这个阶段，长脸偶尔会离开大圣独自移动，这时大圣通常会尖叫并追赶长脸，抓住它腹部或背上的皮毛。这时长脸就会停下来携带大圣而后继续移动。

这一天，大圣一家迎来一个好消息：大圣的两个阿姨方脸和花脸，分别生了一只婴猴。方脸生了一只雄婴猴，取名二壮。花脸生了一只雌婴猴，取名阿花。大圣

不再孤单，它有了弟弟和妹妹。然而，天有不测风云，猴有旦夕祸福，刚出生不久的阿花夭折了。花脸一直抱着死去的婴猴，不肯放手，我们看着也很难过。

花脸今年头一次生育，虽然之前它也帮着其他母猴带过孩子，可是并没有生育经验。小猴出生后，花脸把它的脐带咬断，可是它没有拿捏好分寸，脐带留得太长了。花脸在树上移动的时候，婴猴的脐带挂在了树枝上。花脸护子心切，用力一拽，小猴哇的一声发出惨叫，脐带从肚脐眼中被拉了出来。不久，花脸的孩子就夭折了。

携带死婴猴　李腾飞／摄影

接下来的几天，花脸把死婴猴紧紧地抱在胸前，就像它仍活着一样照顾有加。花脸走到哪里，都带着婴猴的尸体。

从婴猴死亡开始，花脸开始渐渐疏远其他家庭成员，不再和家庭一起活动，而是时常独自坐在树上。一

母猴在照看死婴猴　李腾飞／摄影

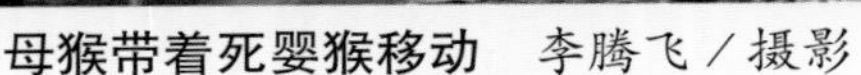

母猴带着死婴猴移动　李腾飞／摄影

天，大圣的姐姐玲玲，一只亚成年雌猴，靠近花脸，对它怀中的死婴猴非常好奇，盯了婴猴尸体一会儿，但没有试图碰触。即便如此，花脸也不让它靠近，又是龇牙又是瞪眼，把大圣的姐姐玲玲吓坏了。花脸发完火之后，随即携带死婴猴离开。

有一天，猴群中的朋克突然发出警戒的叫声。接到朋克传来的警报，长脸一把抱起正在玩耍的大圣，转移到枝叶茂密的冷杉树上。大花嘴和其他家庭成员也随即上了树。此时，花脸迅速抓起原本放在一边的死婴猴，抱在胸前，也跑到了树上。大花嘴在树上观察了一会儿，原来是一只金雕从上空飞过。花脸护子心切，从来没当婴猴死去，即使危急时刻，它也如平常一样照看婴猴。

这天中午，猴群都已进入午休。花脸携带着死婴猴爬上树，睡前还为死婴猴理了 3 次毛。

下午，花脸带死婴猴坐在了大花嘴身边。大花嘴一向高冷，对花脸和它怀里的死婴猴都没有兴趣。即便是活蹦乱跳的大圣，它也很少搭理，更何况是死去的婴猴。待在一旁的大圣对死去的妹妹很好奇，它跳到花脸面前，好奇的望着它怀里的死婴猴，并试图抚摸这个一动不动的小妹妹。往日温柔的花脸一反常态，对大圣发出了威胁的叫声，大圣赶紧逃开了。

我们感到奇怪的是，除了大圣和大圣的姐姐玲玲，家庭里的其他成员都对花脸的死婴猴不感兴趣。显然，它们知道这只婴猴已经死了。否则那些喜欢孩子的阿姨不会对婴猴置之不理的。只是花脸还没有接受孩子已经死亡的现实。

由于婴猴已经死去，不能抓握花脸腹部的毛发，所以花脸不能像正常母亲那样腾出双手携带婴猴上树，只能抱着婴猴，可是这样觅食很不方便。于是花脸把死婴猴轻轻放在地上，它独自爬上树采集松萝吃。这一天，花脸又放下死婴猴，独自上树吃东西。可是，只一会儿工夫，花脸回头望了望地面，发现放在地上的死婴猴消失了。原来，是路过的护林员发现死去的婴猴，悄悄地将它带走掩埋了。可是花脸不知道，它在树上四处张望、寻找，并发出哇哇的叫声。这天晚上，花脸没有跟随猴群来到夜宿地，而是独自找了个地方过夜。似乎它想独自静一静。第二天，花脸平静下来，与家庭其他成员一起取食、休息，没有表现出明显的异常。看到大圣在一旁活动，花脸表现出极大的母爱，它轻轻抱住大圣，如同对自己的孩子一样为它理毛。花脸对婴猴的兴趣开始转移到了大圣身上。

猴博士小讲堂

关于滇金丝猴携带死婴的行为，目前主要有两种假说。

母亲不能分辨死婴假说：

这种假说认为携带死婴是因为母亲无法辨识死亡的婴猴，它们可能认为婴猴只是暂时处于不活动状态，所以仍然会持续进行

照料。根据这种假说，可以推断母亲只会携带在外观上与存活的婴猴类似的死亡婴猴，当婴猴出现明显的死亡特征时，母亲能够分辨并抛弃死婴。花脸死亡的婴猴没有受到家庭单元中其他成年个体的关注，只有大圣和它的姐姐玲玲对死婴表现出了强烈的兴趣。这种反常的现象有可能是因为小猴还无法理解这个婴猴已经死亡，而其他的雌性个体有能力分辨死亡的婴猴，所以不会对它有兴趣。

尸体腐烂延缓假说：

在炎热干燥或寒冷的极端气候条件下，动物尸体腐烂较为缓慢，生活在这类地区的灵长类母亲携带死亡婴猴的时间较长。这种假说认为死亡婴猴腐烂的程度影响了母亲携带与否，可以推测，当尸体表现出明显的腐烂特征时（例如形态改变、散发气味等），母亲将会停止携带死婴猴。滇金丝猴的栖息地海拔很高，气温较低，这样的气候条件可能导致尸体腐烂较慢，这在表面上看起来符合尸体腐烂延缓假说，较慢的腐烂速度导致滇金丝猴母亲长时间地携带死亡婴猴。但之前猴群有一个母猴在 1 月份产下死婴，这时气温很低，但母亲并没有携带婴猴的尸体，而是直接抛弃。与之相比，花脸的婴猴死于 5 月，这时气候较为温暖潮湿，尸体腐烂速度明显快于 12 月和 1 月，携带 4 天后尸体已经有了明显的腐烂迹象，但这并没有阻碍花脸携带婴猴尸体。由此可知，滇金丝猴母亲对死亡婴猴的携带与否、携带时间与气候导致的腐烂速度没有明显的相关性，所以我们认为我们的研究结果不符合这个假说。

滇金丝猴母亲对待死亡婴猴的态度，很可能与婴猴存活的时间相关，这可能与母亲的内分泌变化有关，母猴在妊娠期间和产后的激素水平会促使母亲对婴猴产生“母性”，从而照料幼仔。这种联结既是生理性的，也可能是心理性的，母亲产后与婴猴共同生活的经验，与内分泌系统共同作用，使母亲与婴猴产生强烈的情感联结。所以当婴猴死亡后，母亲在生理和心理上都无法舍弃婴猴。

猴博士观察笔记

神奇的冬虫夏草

每年2月到6月，是滇金丝猴的繁殖期。而每年5月，是人们来响谷箐采集冬虫夏草的时候，尤其是如今虫草价格飞速上涨，丰厚的利润刺激附近的村民，每到虫草生长的季节，附近村子里的人全都聚集到山林中，对虫草进行大规模采挖。虫草诞生于一次偶然的相遇。高山上活跃着一种叫蝙蝠蛾的昆虫，每年七八月份，它们的卵发育成幼虫。此时，恰逢虫草菌的孢子成熟，它们不同于植物的种子，只要有阳光、土壤和水分就可以生长发育。虫草菌属于异养生物，靠寄生生活。偶然的机会，虫草菌散落的孢子遇上了蝙蝠蛾的幼虫。这下虫草菌的孢子找到了一个坚强的依靠，有了一个安稳的家。冬季里，蝙蝠蛾幼虫钻进土壤里蛰伏，虫草菌的孢子在其体内积攒萌发的力量。待到来年春暖花开，虫草菌的菌丝开始不断生长，不断汲取蝙蝠蛾幼虫体内的营养。到了夏季，蝙蝠蛾幼虫的生命到了尽头，它用身体的残壳紧紧地包住虫草菌柔弱的身躯。蝙蝠蛾幼虫失去了成为蛾子的机会，最终以一株草（真菌）的形式存在，这便是冬虫夏草。

夏季时的白马雪山　朱平芬／摄影

第二章 夏季

到了夏季，春季出生的婴猴可以四处活动了。在猴群中，婴猴享有种种特权，它们可以随便在各个家庭之间串门，这也是了解它们行为的最好阶段。动物的行为是它们为了适应内外环境的变化，逐渐演化形成的。我们要做的，就是对滇金丝猴的行为进行辨识与分类，编制行为目录（也叫行为谱）。这是深入开展动物行为生态学研究的基础。猴群中婴猴的防御能力最弱，也是天敌重点攻击的目标。春季，婴猴活动能力不足，还处在猴妈妈和整个家庭的庇护下。而到了夏季，婴猴可以四处活动，猴妈妈很多时候也照看不过来，这就给了天敌可乘之机。夏季，我们除了继续观察猴妈妈的育儿方法外，对附近滇金丝猴的天敌格外注意。滇金丝猴为了应对天敌的威胁，要加强警戒。它们的警戒行为就是我们此阶段关注的重点。警戒行为最主要的功能是侦察潜在的捕食者和防御捕食者的攻击，这是动物反捕食策略的一部分。警戒行为具体表现为环视、注视和探听等，是动物对外界风险的预警反应，对野生动物提前探测和回避周围环境中的风险，提高自身生存概率具有重要意义。对滇金丝猴警戒行为的研究，有利于揭示它们的反捕食策略以及人类活动对它们的影响，在保护生物学上具有指导意义。

向猴子屈服

6月，虽然到了夏季，响古箐的气候却依旧停留在春天。高山气候，要比平地上的气候延迟些。此刻，滇金丝猴的生育活动逐渐停止，大圣已经 3 个月大了，有一定的运动能力了，开始花更多的时间和同伴们玩耍。它们会相互追着跑，然后几只小猴滚作一团，互相咬来咬去。经过前期的初步观察，我认识了这里的每一只猴子。为了能更好地和猴子们打交道，了解它们的肢体语言（行为）是非常必要的。有人问我，你又不是猴子，如何知晓猴子的行为所表达的含义？这靠的是认真的观察和总结。人类无法和猴子用语言交流，不过我们可以察言观色，通过猴子的面部表情和肢体语言得知它们的内心世界。

还有一个有利的条件是，我的两个师姐在这里观察猴群很久了，对猴子的行为所代表的意义进行了总结。这对我来说是一个很好的参照。只有了解猴子的行为，才可能真正地走进猴子的世界。其实，在我了解滇金丝猴的同时，这里的猴子们也在打量我。我刚来到响谷箐的时候，这里的猴子们不认识我，都和我保持一段距离。久而久之，它们觉得我不像“坏人”，才渐渐放松了对我的警惕。

小猴们在一起玩耍　朱平芬／摄影

随着和猴子们越来越熟悉，如今我走近它们，它们也不会慌忙跑开。我仔细打量着长脸怀里的大圣。以前我都是远距离观察，现在终于可以近距离看看小猴的模样了。然而，我的举动引起了长脸的警惕。刚才还很温柔的它，立即瞪着我。我想在人类社会中，交流中看对方的眼睛是一种礼貌，所以我也盯着长脸的眼睛看。突然，长脸开始龇牙咧嘴，即便我不懂猴语，也知道它发火了。我如同丈二的和尚摸不着头脑，这猴子翻脸也太快了吧。就在此刻，大圣的阿姨们迅速向它靠拢。紧接着，在地上觅食的大花嘴也气势汹汹地赶过来了。

我一看不好，这是要“群殴”我的前奏啊！虽然我也是五大三粗的汉子，可是面对这么一群猴子，我还是有些害怕。以前我只知道人有翻脸比翻书快的，没想到猴子也是如此。眼看猴群围了过来，大花嘴不时地朝我龇牙咧嘴。我前几天见过它和别的猴子打架前也是这副表情。我心想这下完了，跑也跑不过它们，打也打不过它们。

这时候，我突然想起 2000 多年前韩信面对屠夫时的情景。唉，大丈夫要能屈能伸。别想歪了，我可没有从猴子的胯下钻过去。我想起前几天，光棍群里双疤和朋克打架时的场景。双疤打不过朋克，就趴在地上求饶，而朋克就此放过了它。想到这儿，我立即双手抱头趴在地上。此招果然管用。大花嘴见我屈服，便既往不咎，离开了。稍后，猴群也散开了。

不过，我这屈服的举动，意味着以后在大花嘴面前地位就低了。前几日还可以和它一起交流，之后它见了我总是充满胜利者的傲气。我稍有不从，它就对我龇牙瞪眼。在它的眼里，我就是低等的猴子。

后来，我进行反思，自己到底哪里做错了，惹得长脸招呼猴群来围攻我。可想了很久也不得其解。过了几日，我怀着忐忑的心情，再次走到长脸面前，希望能和它和好如初。可当我盯着大圣看的时候，长脸立即凶光毕现。我立即转移目光，它又平静下来。这时，我恍然大悟：原来是猴妈妈护子心切，不愿意别人打量自己的

睡觉　朱平芬／摄影

主雄猴在给雌猴理毛　朱平芬／摄影

孩子，所以发出警告。在猴子的世界，盯着对方眼睛看可不是尊重，而是警告、威胁的表现。往往只有高等级的猴子会对等级低的猴子瞪眼，反过来就是挑衅了。我打量人家的孩子，就已经引起猴妈妈的不满，而后又不知趣地和它进行眼神交流，犯了猴子的大忌，所以它才召集家庭成员来围攻我。原来都是我的错。

不过，大圣对我充满了好奇，每次看到我走过，它都把眼睛睁得大大的，打量着我这只特殊的猴子。

渐渐地，我和猴群的关系更密切了。虽然偶尔会产生误会，不过我一屈服，就化干戈为玉帛了。在猴群里生活，我最大的收获就是学会了必要的时候肯屈服，从此我再也不怕猴子了，只要它们朝我龇牙瞪眼，我立马抱头蹲下。不过，我在猴群眼中的地位也每况愈下。

猴博士观察笔记

滇金丝猴的行为谱

不同的物种在长期的演化过程中，为适应独特的生活环境，形成了这个物种所特有的典型行为。行为是动物适应生态环境的表现形式，依据对动物行为的辨识与分类而编制成的行为目录称为行为谱。行为谱的编制与研究是深入开展动物行为生态学研究的基础，而且，通过不同猴群的研究比较，还能发现猴群行为表现的差异，从而了解社会行为在维持不同生活条件下的群体的结构稳定方面的功能，以及行为表达的弹性。

不同研究者通过观察记录了滇金丝猴的 143 种行为，依据这些行为的生态功能，可以把它们划分为摄食、排遗、调温、配对、交配、育幼、高序位、威胁、攻击、屈服、友谊、亲密、聚群、通信、休息、运动 16 类行为及其他行为。

摄食行为：指采食植物（包括植物的根、茎、叶、花、果实等）、昆虫等以及饮水、摄取矿物质、幼体吮乳等行为。

排遗行为：指动物在食物消化后排出食物残渣、尿液及应对紧急情况时所发生的排粪、排尿等行为。

调温行为：指滇金丝猴为维持机体恒温对外界环境温度所做出的适应性行为，包括树枝坐息、树枝趴息、树枝躺息等。

育幼行为：指成年雌性个体在其幼体未能独立生活时所表现出来的哺育行为。

高序位行为：指滇金丝猴家庭单元内地位高的个体与地位低的个体之间所表现出来的行为，或者是其他外来雄性挑衅所表现出来的行为。

威胁行为：指滇金丝猴个体与个体之间发生冲突时所呈现出来的行为，如瞪眼、对瞪、击地等。

攻击行为：指滇金丝猴成年个体或少年个体之间发生冲突后表现出来的比较激烈的竞争行为。

屈服行为：指滇金丝猴个体受到威胁时或被打败后表现出来的一系列行为，如回避、逃走、蜷缩等。

友谊行为：指不同个体在一起时表现出亲昵友好的行为。

亲密行为：指不同个体之间所发生的一系列和睦及亲和等行为。

聚群行为：指群内个体聚集在一起所表现出的相互联系、相互影响的行为。

通信行为：指群内外个体之间传递信息的行为。

休息行为：指滇金丝猴在环境中维持一定的姿势，身体所处状态在一定时间内不发生改变的行为，常呈现为机体放松状态。

运动行为：指滇金丝猴通过四肢的交错活动来完成身体位移的行为。

取代行为：个体将原来占有优势资源的个体赶走并取而代之，或是其他个体在被趋近后的3秒内，主动让出原占有的资源。有些取代行为可能伴随有声音威胁或抓、推拉动作。

冲突行为：发生在雄性之间的争斗，只要有各种肢体接触，如咬、抓打、按住，即记录为冲突。

理毛行为：理毛者坐在被理者身旁，双手分开其毛发，不时用食指扣划毛发下裸露之处，目光紧随手的活动位置，嘴唇不时会微微一张一合，双唇触碰发出吧嗒声，有时还用嘴触碰毛发、清理异物。

其他行为：指滇金丝猴个体及个体之间为求得舒适等而发生的一些频次较低的行为。

啊！有蛇

关于警戒，不同动物有着不同的行为模式。有些动物是各自为战，它们只需要自己及时发现并回避天敌就可以了。而有些动物，尤其是那些群居的动物，它们往往选择协作的方式进行警戒，即群体中的一员一旦发现天敌，会立即警告同伴，进而整个群体都进入警戒状态。那么滇金丝猴是如何警戒的呢？

7月，响古箐开始进入雨季。雨天时，猴群大多躲在树上避雨，减少了活动。这里的雨不是铺天盖地的大雨点，而是密密麻麻、连绵不绝的细雨，类似于春雨，但是比春雨急。大圣已经4个月大了，这个时期是它快速长身体的时候。大圣离开母亲的时间明显增多，独立性增强，用于取食和玩耍的时间逐步增加。此时的大圣，还会为其他个体理毛，但次数不多，持续时间很短，动作也十分笨拙。这个时期，长脸不再限制大圣的活动。大圣可以在长脸身边自由活动，尝试着吃各种植物，和大猴一起玩耍。

滇金丝猴作为响古箐森林中的原始居民，早已习惯了这里的天气。可是，我这个外来人却一时难以适应。雨天我只能待在救护站里，心里惦记林中的猴子。等到雨的间歇，我赶紧进山寻找猴群。几日不见，不知道它们是否安好。

此刻，雨水沐浴过的森林成为蘑菇的世界，随处可以看到千姿百态、五颜六色

的蘑菇，它们摆出各种造型，仿佛在回馈大自然的恩赐。枯叶旁，一簇蘑菇格外显眼，它们晶莹剔透，洁白如雪，状如珊瑚，这便是珊瑚菌。它名如其形，是一种非常美味的食用菌。扒开腐朽的老树，一排排圆盘状的菌体显露出来，它们的背面有好多细小的气孔，这是多孔菌。那边，乍一看，金色的小花只有豆芽大小，亭亭玉立，如同金色的木耳，这就是金耳。还有更多的蘑菇，我叫不出它们的名字。这些蘑菇也是猴子们的食物。滇金丝猴在这里生活得久了，能够分辨出哪些蘑菇有毒，哪些无毒。

珊瑚菌

金耳

经过一小时的林中穿梭，我找到了大圣，它抱着一节竹笋在啃，它所属的一家子都在旁边。竹笋是滇金丝猴夏季最喜欢吃的食物之一。夏季食物丰富，猴群的食谱更加多样，取食的植物种类最多，共有 73 种，于是它们减少了对松萝的依赖。

滇金丝猴在吃地衣　朱平芬/摄影

扫一扫，登录“中少总社阅读魔方”微信公众号，回复“取食”，观看精彩视频（朱平芬拍摄）

吃蘑菇　朱平芬／摄影

我全神贯注地打量着大花嘴一家，没注意周围的情况。突然，树上传来一阵急促的声音，有些沙哑。我在猴群里的日子也不短了，听到过它们打架的叫声，遇到危险时发出的急促的报警声，但是这种沙哑的叫声，我还是第一次听到，但我没有在意。紧接着，同样的声音从同一方位再次传来。透过密林，我发现是树上的毛脸在叫。我不知道它的叫声代表什么含义，只能通过观察旁边猴子的反应来进行推测。听到毛脸的叫声后，大花嘴一家立即爬到树上。虽然没有听懂毛脸的声音，但是它们的行为我看明白了。毛脸好像发现了危险，上树是猴子躲避危险的常见方式。

我的第一反应是往空中看，猴群的威胁绝大多数来自空中的猛禽。上次金雕出现的时候，猴群就躲在叶子茂密的树枝上，时不时地向空中张望。我看了一圈，没有发现有猛禽飞过。而猴群依旧处于警戒状态。我查看四周，也没有发现任何异常。此时，树上的猴子都往地面看。我一下子蒙圈了，地面上除了我没有别人了，可是我没有惹到它们啊。

我朝向猴子所看的方向，离我几步远的地方有落叶在动。蛇，蛇，是蛇！原来毛脸发现了蛇。此刻，我距离蛇只有五六米，我紧张起来。那条蛇盘踞在林间的小道上。我们对视的那一刻，我感觉它早已发现了我。此蛇体长大约 1 米，暗褐色的身子。它吐出舌头，舌头中间是分叉的。我不禁毛骨悚然，舌头是蛇重要的感觉器官，可以捕捉空气中的气味，非常灵敏。自然界中不同植物、动物散发出的气味是不一样的，这是蛇判断猎物的重要依据。蛇分叉的舌头可以探测到气味传来的方向。此外，蛇的皮肤和额下可以感受到细微的震动，哪怕是几米远小老鼠的活动都可以感受到。它眼睛的瞳孔，可以感知微弱的光线。我可以肯定，这条蛇早已发现了我这个庞然大物。

我倒吸了一口凉气，不敢发出任何动静。蛇开始抬起头，不停地吐出舌头。我的双腿已经麻木，不听使唤。林间，树上的猴子成了我唯一的依靠。我也想爬到树上去，可是没有猴子的本领。就这样僵持了 20 秒，我发现蛇并没有攻击我的意思。一来，我不在它的攻击范围；二来，它也没有快速上前，主动靠近我。我们四目相对，我惧怕蛇，蛇也不清楚我的底细，在它的感官世界里，我只不过是一个庞然大物，一个它可能没有见过的动物。但是，我不是它的猎物，它不可能将我吞下。此刻，树上的猴子们成为了看客。

突然间，我明白了蛇的意图。既然我不是它的猎物，它就没有必要浪费体力和时间来伤害我。眼前的它只不过是虚张声势，想赶跑我这个不速之客。因为我的突然闯入，坏了它的捕猎大计。它的猎物应该是树上的鸟儿，或者幼小的猴子。

于是，我按照蛇的“命令”，往后退了几步。我的回应，正合它的心意，那一刻我们彼此产生了默契。它转身离去。蛇走后过了好长一段时间，树上的大花嘴一家才下来活动。它们比我更惧怕蛇。每年猴群中都有被蛇偷袭而丢掉性命的猴子。

猴博士小讲堂

在野外，如果你和蛇遭遇了，大可不必惊慌。民间有打蛇打七寸的说法。可我却想，好好的，打它干啥。每一种生命都值得尊重。如果与蛇相遇，只要你没有威胁到蛇，它是不会咬你的。要知道蛇的攻击绝招在于伏击、偷袭。什么叫偷袭啊？就是你没有发现它，它发现了你，然后突然给你一口。你发现它，它也发现了你，蛇就没有那么大威胁了。猴子为何对蛇这么恐惧？其实，不仅是猴子，人也是如此。怕蛇是人类的天性。曾经有位科学家做了一个实验，他给几个婴儿看了几种动物，有老虎、狮子、蛇。其他动物都没有引起婴儿异常的反应，当蛇出现的时候，婴儿吓哭了。人类对于蛇的恐惧是天生的。经常在野外的人都会有这样的体验，我们一般不害怕大型动物，虽然它们偶尔也会伤害人类，但至少可以防范。而蛇这种动物，来无影去无踪的，让人防不胜防，所以令人格外恐惧。

贪玩的大圣

随着大圣不断长大，猴妈妈的育幼策略也在不断调整。在人类社会中，母亲会将好的食物和资源留给子女。但是在滇金丝猴中不是这样的，这是因为母猴首先要保证自己的食物、能量摄入，以确保乳汁充足，可以供养新生儿，并有足够的精力保护它们。随着大圣独立活动能力的增强，母子间的关系发生了微妙的变化。

8 月，白马雪山依旧是雨季，这个季节正是林中蘑菇、竹笋生长的好时节。一场雨过后，各种各样的蘑菇破土而出，这其中有的可以食用，有的有毒。不过在长期的进化中，滇金丝猴可以分辨出哪些可以吃，哪些不能吃。大圣已经 5 个月大了，它可以独立活动、进食了，再也不是妈妈怀里那个脆弱的小不点儿。它学着妈妈的样子自己取食，为其他小伙伴理毛，成为了一个“小大人”。当然，对于大圣来说，妈妈永远是一个温柔强大的依靠。它还是喜欢跟在妈妈身后，做跟屁虫。总体上来说，长脸对大圣还是温和的。即便是大圣无理取闹的时候，长脸也不会对它动粗，至多转身离开。当大圣实在不听话的时候，长脸也会拍打它，不过都比较温和。有时候大圣太调皮了，长脸会抓住它的尾巴，把它拉回自己身边。大圣也经常拉扯妈妈的尾巴，把它当玩具。

很多时候，大圣会主动离开妈妈的怀抱，在树枝上行走，或是抓住一根树枝来

回晃荡几下，紧接着跳到另一棵树上，或是单手抓树枝荡秋千，难度系数堪比体操运动员的比赛动作，姿势更优美。

早饭后，玩耍时间到了，大圣经常带着弟弟二壮和邻居家的小猴一起玩耍。在猴群中，大圣有一个好朋友，邻居黄毛家的小五。小五和大圣同岁，也是今年出生的。聚在一起玩耍是小猴们享有的特殊权利。平日里，猴子之间家庭壁垒比较森严，大猴子之间是不能互相串门的。大圣和小五扭在了一起，相互抓打、撕咬，顺着山坡滚下去，玩得不亦乐乎。有时候，三四只小猴聚在一起乱战，树上、地面均是它们的战场。若你在远处看见枝条摇动，很有可能就是小猴们玩得正嗨的时候。

它们虽然年龄小，却是玩耍的能手，抓打撕咬都不在话下，是不会被欺负的。大圣很贪玩儿，但对于不同的玩耍方式，它有自己的偏好。大圣最喜欢和邻家哥哥们一起追逐、奔跑；其次是撕咬和抓打。你也许会觉得奇怪，明明已经打起来了，怎么还说玩得不亦乐乎呢？小猴子间的玩耍是为以后独立生存在做准备，撕咬、抓打、追逐等，可以锻炼身体，训练打斗技能，并使它们变得更强壮。大圣和邻家小朋友一起玩耍，还可以帮助它建立和加强与群内伙伴之间的社会联系，帮助这些小猴子掌握群体特有的沟通方式。

大圣虽小，胆子却很大，对一切事物都很好奇。它吃完松萝后玩得正起劲，突然看见旁边的草丛里有东西在飞来飞去。于是大圣扔下玩伴，去追逐这个奇怪的东西。终于，当它停在一朵花上的时候，大圣迅速出击，一把抓住了它。突然，大圣好像受了伤，直接从地上跳了起来，不停地挠手掌。想必你已经知道大圣抓到的是什么了——对，是蜜蜂。贪玩也是有代价的。但大圣不怕，仍对这个世界充满了好奇。

中午，玩累了，大圣就回到妈妈身边，求妈妈抱抱，然后吃奶。而长脸正在吃东西，它不理睬这黏人的小猴子。软的不行，大圣来硬的。它绕到妈妈的背后，一下子爬到了妈妈的背上，既然不给抱，就让妈妈背着。长脸立即闪开，一甩肩膀，大圣摔了个四脚朝天。这时候，大圣使出了绝招——耍赖，它开始撒娇，长脸只能

雄猴给雌猴理毛　朱平芬／摄影

妥协，把它抱在怀里，哄一哄。对大圣而言，乳汁才是世间最好的美味。大圣平日里吃的杜鹃花、竹笋，仅仅充当零食而已，它们怎能与乳汁相提并论？你看，大圣一次次钻进妈妈的怀里，希望吸吮乳汁，哪怕一小口。无奈之下，猴妈妈终于妥协了，开始给大圣喂奶。滇金丝猴幼仔吃奶时间长于 12 个月。曾发现 2 岁龄的少年猴还偶尔会含着母亲的乳头。随着小猴不断长大，它能从外界获取更多的食物。但邻居家的小猴都已经 1 岁了，还时不时地想含乳头。很多时候小猴在休息时，也会钻到妈妈怀里，含着乳头。小猴睡觉的时候也经常含着母亲的乳头。我们推测，小猴可能是通过这种方式，获取安全感和心理安慰。

午休后，小猴们醒得最早，开始慢慢活动，开启下午茶模式，然后开始一天的第二波玩耍。在一天的时间里，大圣有两个玩耍的高峰期。

在婴猴的发育过程中，母亲希望哺乳婴猴和抱它们都尽可能不妨碍自己的正常活动。也就是说，当婴猴吃奶和亲昵的行为妨碍了猴妈妈的活动时，猴妈妈就会拒绝。反过来，猴妈妈空闲休息的时候，就会允许婴猴来吃奶和亲昵。哪个妈妈不爱自己的宝宝呢？可猴妈妈有自己的苦衷。猴妈妈在养育猴宝宝的过程中，会消耗大量的能量，需要摄入较多的食物。因此，猴妈妈会用更多时间取食。然而，猴妈妈的取食很容易被婴猴所妨碍。携带婴猴可能导致猴妈妈难以抓取食物，移动的速度也会变慢，因此，猴妈妈拒绝婴猴的行为多发生在取食的时候。而在猴妈妈休息的时候，是喜欢抱着婴猴的。

滇金丝猴妈妈的生育间隔通常为两年。因为滇金丝猴生活在高海拔地区，能量补给非常困难，而生儿育女是一件高耗能的事情。生完孩子后，猴妈妈需要有两年的缓和、恢复期，才能进行下一次的生育。

猴博士小讲堂

小猴玩耍的类型有：

抓打：小猴间距离很近，伸手能触及对方，双方后肢着地，前肢相互试探性地迅速伸向对方，或抓住对方身体的某个部位。

撕咬：一只小猴抓住对方的肩或头，同时用嘴咬对方的头部和肩部，另一只小猴使劲摇头挣脱对方的束缚。

追逐：一只小猴在前，另一只在后，相距很近，前者跑一段距离后停下，看一下后者，后者马上追上去，前者再向前跑，或者在不同树枝上，都向着相同方向移动。

其他行为：小猴在不同树枝上，一只小猴从这边跳到那边，另一只要么朝着对方所在位置跳去，要么沿着前者的足迹尾随跳去。一只在高处，另一只在低处，高处个体踢低处那一只。

3 岁及 3 岁以下的小猴，特别喜欢和同龄的小伙伴一起玩耍。就像人类中，男孩一般比女孩贪玩，滇金丝猴也是如此，雄猴比雌猴贪玩。和人类的小朋友一样，不同年龄段的小猴有不同的玩法。1 岁以下的小猴喜欢相互追逐；1~2 岁的小猴喜欢互相抓打、撕咬和追逐。

猴博士观察笔记

婴猴的成长历程

滇金丝猴妈妈采取较为宽松的育幼模式，可能与滇金丝猴的社会结构和食性相关。滇金丝猴能够取食的植物种类较多，松萝在食谱中占有很大的比例。松萝在冷杉林中大量生长，而且分布较为均匀。以其为主食，能够降低种内的食物竞争强度，从而使个体间的关系较为缓和，发生激烈冲突的概率较低。母亲在育幼过程中不需要花费大量的时间和精力来保护幼仔，所以表现出比较宽松和放任的育幼行为。

我们研究发现，滇金丝猴的婴猴发育可以划分为4个阶段：阶段一（出生到1月龄），完全依赖期；阶段二（2月龄至3月龄），探索期；阶段三（3月龄至7月龄），快速发育期；阶段四（8月龄至12月龄），逐步独立期。

完全依赖期的主要标志：婴猴完全依赖母亲。在婴猴发育的第一阶段，婴猴大多数时间都在母亲怀里哺乳或休息。母乳是婴猴能量的唯一来源，婴猴没有出现独立取食的行为，不具备独立活动能力，完全依赖母亲的携带才能移动。母亲一直将婴猴携带在身边，对婴猴的保护性较强。当婴猴试图摆脱与母亲的身体接触时，会遭到母亲的限制。母亲对婴猴哺乳和接触的请求不会拒绝。

探索期的主要标志：能够挣脱母亲的限制，进行短暂的独立活动，但行动十分笨拙，婴猴对母亲的依赖性仍然较强。婴猴出现了取食固体食物的行为，但用于取食的时间很短，能量的主要来源仍为母乳。出现了社会玩耍行为，但仅与家庭内部的其他婴猴进行社会性玩耍。母亲对婴猴的活动仍然表现出限制，对婴猴已经出现了低频率的拒绝行为。

快速发展期的主要标志：婴猴用于取食和社会玩耍的时间逐步增多，越来越多的时间进行独立活动。婴猴出现了为其他个体进行理毛的行为，但发生的频率很低，持续时间很短，动作十分笨拙。母亲不再限制婴猴的活动，有时对婴猴哺乳和身体接触的意愿表现出拒绝，但拒绝的频率较低。

逐步独立期的主要标志：婴猴每天有超过一半的时间离开母亲独立活动，有能力完成大部分的运动行为，仅在少数情况下，还需要母亲的携带。婴猴的哺乳行为逐渐被取食行为取代。婴猴偶尔会遭到种群其他成员的威胁和攻击。但12月龄的婴猴仍然缺乏很多社会行为模式，对母亲还具有一定的依赖性。母亲出现了准备生育下一个后代的行为，对婴猴的拒绝行为较多。母亲在移动中携带婴猴的次数明显减少，12月龄的婴猴很少被母亲携带。

睡觉 朱平芬/摄影

遭遇黑熊

这天早上，我在一棵冷杉树上发现了几根黑色的毛发，树上有被牙齿咬过的痕迹。不好，猴群附近来了不速之客！

我取下一根毛发观察，它有 5 厘米长。树上的痕迹位于我下巴的位置，离地 1.7 米左右。地面上留有一对大脚印。通过种种迹象，我判定这个不速之客是黑熊。黑熊习惯于站起来，用后背在树上蹭，不仅可以解痒，还可以向同伴传达信息。树上的痕迹是它用牙齿咬出来的，也是做标记的一种方式。它要告诉同伴自己就在附近。根据我给这头熊估算的身高，它应该是一头成年的黑熊。自从老虎销声匿迹后，黑熊就是响古箐唯一的大型猛兽。这里的人禁枪之后，它们的家族有所扩张，我们在野外几次发现了黑熊的脚印。

我有些紧张，我可不想在丛林里与黑熊相遇。黑熊伤人的故事到处流传，更增加了我的恐惧。黑熊也是猴群的天敌，虽然它是杂食性动物，很少捕食比较大的动物。不过，黑熊是婴猴的一大威胁。

我小心地查看四周，发现一处断开的枯倒木，它从中间裂开，木屑散落在旁边。树干上有一个蚂蚁窝，一群蚂蚁四处乱窜。很显然它们赖以生存的家园被一个庞然大物给毁掉了。这是黑熊的“杰作”。黑熊虽然个头儿很大，却偏爱吃昆虫。它会找到一些枯倒的树木，用爪子扒开树干，取食里面的昆虫。

我的推断很快得到验证。我听到几声急促的叫声，是附近的猴群发出了警报。显然它们发现了敌情。我看到 50 米外有一个黑色的庞然大物，它正在用爪子扒木桩，

和眼前凌乱的场景如出一辙。这是我第一次在野外见到黑熊，紧张得简直不敢呼吸。凭着敏锐的嗅觉，黑熊应该早已经发现我了，只是它在专心觅食，对我不感兴趣。如果不是亲眼所见，很难想象这个庞然大物会靠取食昆虫充饥。

黑熊抬起头，看了看我。我紧张到了极点。野外考察的经验告诉我，遇到这种野兽一定不能跑，一跑就等于告诉它自己投降了。而在密林里，我断然不是黑熊的对手。我尽量克制自己。突然，它起身向我走来。不，不，我可不想与它近距离接触，一定要与黑熊保持至少 30 米的距离。它是短距离冲刺的高手。我往后退了几步，黑熊还在缓缓向前，我再往后退。我紧张到了极点。万一它冲过来，我可不想就此死掉。终于，黑熊停了下来，看了我几秒，转身离开了。看来它不想袭击我，刚才仅仅是警告我离它远点儿。黑熊只有感受到威胁才会发起袭击。

遇到熊怎么办？有人说装死。我明确告诉你，黑熊不挑食，不是活物也照样吃。有人说上树。偷偷地告诉你，黑熊小时候上的躲避猛兽第一课就是爬树。黑熊幼崽为了避免其他猛兽的攻击，会爬到树上躲避。那怎么办？其实这些办法都是多余的。黑熊主动伤人事件很少，原因很简单，人类不是它的猎物，它不知道人肉能不能吃，好不好吃，所以它不会在人身上白浪费功夫。大多数情况下，黑熊伤人都是因为它被人类激怒了。所以在野外遇到黑熊，要尽力保持镇静，不要做出一些过激反应，以免刺激黑熊，然后寻找机会悄悄离开。

黑熊上树

理毛 朱平芬/摄影

扫一扫，登录“中少总社阅读魔方”微信公众号，回复“理毛”，观看精彩视频（朱平芬拍摄）

苍鹰来袭

动物研究者崔亮伟和张树义分别描述过滇金丝猴和川金丝猴对其天敌——苍鹰的反应。猴群发现苍鹰后，除了数只主雄猴外，其他个体会迅速逃进林冠中躲避。待苍鹰离开后，猴子们继续原来正在进行的活动。响古箐里的滇金丝猴的情况会不会有所不同呢？

在家庭成员的保护下，每次遇到危险，大圣总能逢凶化吉。不过，危险时刻存在，天敌就躲在森林中的某个角落。

雨季还没有结束，在雨水的滋润下，这里的植物迎来了绝佳的生命期。藤本植物缠绕着高大的冷杉，冷杉树上还生长着地衣、苔藓和松萝等。森林里到处湿漉漉的，可猴群丝毫没有放慢移动的步伐。猴群在夏季用于移动的时间达到了三分之一，高于其他 3 个季节。而森林里另一些居民——苍鹰，显然不喜欢大雾弥漫的天气，这会影响到它们的视野。苍鹰是这里的猛禽，也是滇金丝猴最为致命的天敌。

天晴了，大圣一家开始出来活动。接连几个雨天，把小家伙给憋坏了。地下的竹笋，大圣已经吃腻了，它爬到一棵高大的杜鹃树上，想尝点儿别的美味。大花嘴在地面觅食，它不喜欢上树，除了休息和打架，它大多数时间都在地面上活动。长脸也放松了对大圣的管束。大圣顺着树枝一直爬到杜鹃树的树梢上。它两只手挂在树枝上荡秋千。一会儿觉得没意思了，便撒开一只手，挑战单臂挂树。大圣继承了滇金丝猴家族的优良基因，天生平衡能力很强，再加上身体很轻，可以轻而易举地挂在树上。很多爸爸妈妈到不了的地方，大圣都可以去。

玩耍中的大圣此刻还不知道，黑暗中有一双眼睛紧紧地盯着它。一旦林中大雾散去，便是苍鹰出击的时刻。在茂密的森林中，苍鹰如同幽灵一般存在，对于森林中的小动物而言，发现它的时候，便意味着死神的降临。白色的腹部羽毛，褐色的横斑，再加上眼眶上白色的眉毛，这是苍鹰的标志性特征。苍鹰的视野范围可以达到 270 度，即便是在光线暗淡的针叶林下，小动物也逃不出它的法眼。远处的苍鹰发现了目标，它从树枝间悄然飞出，先是自由落体，垂直下落几米，而后又飞起。在密林中穿行是苍鹰的拿手好戏，遇到树枝密集处，它把翅膀往后一缩，如同电影中武林高手的缩骨神功，轻而易举地从缝隙中穿过。苍鹰流线型的身体和羽毛外衣上的横纹，将气流均匀地散开，使苍鹰如同幽灵在森林中穿行，没有一丝声响。

即便如此，苍鹰还是被附近机警的猴群发现了。光棍群的成员们活跃在猴群的外围，它们猴多势众，树林中都是它们的眼线和耳目。苍鹰知道自己的实力不够强，所以它对这些大猴子不感兴趣，猴群中间那些小猴才是它的目标。可是苍鹰要想袭击核心区的小猴，必须从光棍群成员的头上经过。苍鹰在密林中穿梭，尽量保持安静，低调地飞行，在到达目标之前，它不想节外生枝。又是朋克，它发现了上空的苍鹰。光棍群里要数朋克最有朝气和活力，它警惕性最高，总是最先发现敌情。

朋克立即发出警报，提醒群里面的猴子天敌来了。这是我听到过的最为尖锐的声音，仿佛有一种刺破密林的力量。长脸听到警报，立即寻找大圣。此刻，它和大圣隔着 3 棵树。长脸一跃而起，从空中跳到大圣所在的树上。此刻的大圣，还没有意识到危险就在眼前。它好奇地打量着妈妈，呆头呆脑的，充满了困惑。长脸一把把大圣拽过来，一只手搂住大圣，跳跃到旁边一棵大的冷杉树上。枝叶密不透风的冷杉树才是最安全的庇护所。

苍鹰扑了个空，它赶来的时候，大圣已经被长脸救走了。苍鹰从它们头上划过，

警戒　朱平芬／摄影

就差那么一点儿，它就可以美餐一顿了。空中留下苍鹰落寞的身影。苍鹰飞走后，猴群解除了警报。

可是，苍鹰并没有飞远。它躲在附近一棵树上。对于捕猎，它有的是耐心，可以等待，可以忍耐。不求每一次出击都有收获，但求每一次捕猎都全力以赴。猴群放松了警惕，它们以为苍鹰不会再回来了。

由于受到家庭的保护，大圣逃过一劫。刚才它受到惊吓，心有余悸，暂时不会离开长脸。随即，苍鹰更换了目标，它将目光投向了黄毛家的小五。小五也是今年出生的婴猴，比大圣小一个月。苍鹰飞走以后，黄毛一家放松了警惕，它们以为苍鹰不会再回来了。小五猴小鬼大，对于刚才发生的事情，完全抛到脑后。它过来找大圣一起玩耍。而大圣，显然还没有从惊吓中回过神来，并没有搭理小五。小五有些不开心，它径直走开，去找别家的小猴玩耍。

苍鹰的利爪可以轻易刺入猎物的皮肉

小五四处乱窜。它哪里想得到刚才的苍鹰还会回来。它爬到高高的树上，瞅瞅隔壁家的小猴在干啥。

此刻，远去的苍鹰又回来了，它杀了一个回马枪。这次，它故意降低飞行的高度，在林子最密的地方穿梭，借助茂密的树枝隐藏自己的行踪。苍鹰悄然接近小五，它收紧了翅膀，进入最后的俯冲，犹如一道精准的闪电，奔向树梢上的小五。小五恐惧地叫了起来，它害怕极了，急忙呼救。可是一切都太迟了。苍鹰伸出金黄色的爪子，打开翅膀，调整尾部，借助俯冲的力量，牢牢地抓住小五的肩部，一下子把小五从树上抓起来。

苍鹰抓起小五在空中滑行。捕猎还远远没有结束。空中的小五拼命地挣扎，那是出于求生的本能。携带重物的苍鹰难以远行，它找到前方一个空旷的地方，放下

苍鹰捕食

了小五。小五立即逃亡。苍鹰哪里会给它机会啊！它把翅膀伸开，紧紧地裹住小五，并将锋利的爪子刺进小五的皮肉里。紧接着，苍鹰猛地将刀子般的喙叨向小五的眼睛和头部。5 分钟后，小五停止了挣扎。

小五就这样离开了。我很难割舍，可是我毕竟是这个森林里的客人，在这里，捕猎每天都会上演。苍鹰夺走了小五的生命，可是如果苍鹰捕猎失败了，它巢中的孩子就可能死去。一个生命的逝去，使得另一个生命可以得以延续，大自然就在这样的生生死死中生生不息。

猴博士观察笔记

防御天敌办法多

严康慧等动物研究者经观察研究认为，全雄单元中的个体会在猴群遭遇危险时为了保护猴群中其他个体而主动冲向危险源。可是，我们的观察和他们的结论并不一致。面对潜在的捕食者或者未能确定来源的危险，全雄单元的反应和猴群中其他个体的反应一样，皆为迅速上树，并无冲向潜在捕食者或危险源的行为。平日里，滇金丝猴为了保护自己不被天敌捕食，对于夜宿地的选择非常讲究。当猴群进入和停留在夜宿地中时，它们通常会保持安静，这可能是应对潜在捕食者的一种策略。此外，猴群在捕食压力大的时候会频繁更换夜宿地。如果猴群连续几天使用同一个夜宿地，则说明这里比较安全。

青年猴 朱平芬／摄影

第三章 秋季

对于滇金丝猴而言，秋天是一个浪漫的季节。它们集中在这个季节求偶、婚配。光棍群里的雄猴们在这段时间内会频繁活动，并努力接近小家庭里的雌性。此时由于激素分泌的影响，那些雌猴也更容易接受新的雄性。灵长类动物的繁殖策略是理解动物选择配偶行为的重要依据，更是进化生物学关注的核心问题。与其他同体形的哺乳动物相比，灵长类动物的寿命较长，具有复杂多变的社会结构，求偶和婚配的过程比较复杂。我们要做的就是，观察主雄猴替换过程的类型与特征，了解雌性在选择配偶过程中所发挥的作用，探究滇金丝猴主雄猴更替过程与维持社会体系的动力。

小强离家

9月，雨季即将结束，开始进入秋季。秋季是响古箐最美的季节，高处的雪山在蔚蓝天空的映衬下，是那么的白，那么的美。雪峰之下，林海尽为秋色所染，红、黄、绿，组合成一幅唯美的油画，尽情地展现着彩色的秋天。秋季食物非常充足，各种浆果应接不暇。这个时候，猴群可以花费最少的时间就填饱肚子，因而留有更多的时间用来进行社会活动。大圣已经 6 个月大了，它的身体机能已基本发育完善，可以在树上来回跳跃。

我们发现，大圣的哥哥小强和家庭的关系非常紧张。如今，小强已经 3 岁，不受家庭待见了。大花嘴经常对它龇牙瞪眼，想驱赶它离开这个家庭。

得益于大花嘴在猴群中的强势地位，小强它们总能占据食物最丰盛的地盘。小强和往常一样自由觅食，可是此刻，小强的生活发生了变化。大花嘴只要见到它就龇牙训斥，让它走开。小强不知道自己犯了什么错，它尽量讨好家里各个成员，给它们理毛，吃东西的时候总是谦让。可这样做适得其反，反而让它成了大家庭里最招人讨厌的一员，最后甚至到了大家不能容忍它的地步。

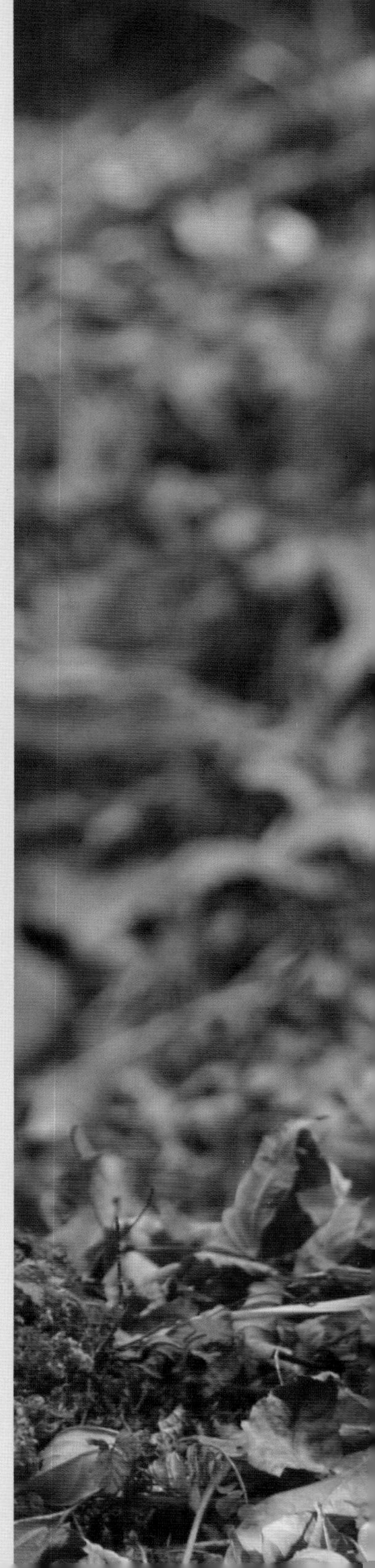

孤独的小猴　朱平芬／摄影

离家的青年猴　朱平芬/摄影

大圣的姐姐玲玲和小强年纪差不多，却可以一如既往地待在家里。这一时期，和小强同龄的小雄猴已纷纷离开了原有的家庭。小强渐渐明白了，只有小母猴才有资格一直留在这个家里，小雄猴长大了就必须离开，集中到光棍群里生活。小强恋恋不舍地离开了这个给了它生命、温暖和幸福幼年的家，被迫进入那个陌生的光棍群。小强虽然不知道新家庭的生活有多艰难，但它还是勇敢地面对生活环境的变化，努力适应没有妈妈呵护的日子。

猴群中出身地位最高的小强，一下子来到地位最低的光棍群。它很难立即适应这里的生活。往常，跟在大花嘴后面，可以享受到最好、最充足的食物资源。那个时候，只要它的家庭经过，别的猴子都要回避，那可真是威风八面。如今小强所在的光棍群，在猴群中地位最低。它们只能活跃在猴群的外缘，里面的核心区被各个家庭占据着。即便是它们正在觅食，一旦有家庭群经过，它们就得回避，否则就可能挨揍。有食物的时候要让其他家庭先吃，夜宿和迁徙时还要站岗放哨，为猴群抵挡天敌。

光棍群是一个大家庭。和小强一样大的小雄猴们全都挤了进来，从此它们要和光棍群中的大雄猴和老雄猴们一起担负起保护整个猴群的重任。光棍群虽然表面上是一个大家庭，可是成员间的关系远远没有原来家庭里那么密切，也没有统一的家长。那些大个儿的猴子们也不喜欢和小强这些新来的小家伙一起玩耍。不过，小强的生活并不寂寞，在这里它找到了很多和它同岁的玩伴。它们一起寻找食物，一起到树上玩耍。这些小伙伴们，日后都是小强的重要帮手。

新的家庭，新的生活，小强必须学着处理和新家庭成员之间的关系。虽然光棍群里没有名义上的家长，但是朋克就是实际上的老大，这里没有谁敢和朋克叫板。小强每次见了朋克，总是胆战心惊，不敢直视朋克。不过，这里的双疤倒是比较和蔼，它以前也有家庭，也曾经风光过，如今待在光棍群里，更像一个历经沧桑的世外高人，看淡了红尘，退隐江湖。双疤早已经过了争强好胜的年纪，对于刚加入的小强很是照顾。

然而，由于光棍群活动在猴群的外围，它们要承担更多的风险。它们不仅要直接面对天敌，还要面对森林中越来越频繁的人类活动。人类活动带给猴群的压力是前所未有的。对付天敌，猴群还有代代相传的应对经验，而面对人类不断升级的捕杀手段，它们却无法应对。小强就亲眼看到一个小伙伴被人类布下的陷阱夹断了右臂。光棍群里的生活，让它明白要战胜危险就必须自己强壮起来。

小雄猴长大后会被赶出家庭，雌猴则可以留下，身份由原来大雄猴的女儿转变成妻子。这岂不是近亲繁殖了吗？其实不然。就拿大圣的姐姐来说，虽然可以长期待在家庭中，但是，它现在才3岁，要再过至少3年才具有生育能力。而此时，大花嘴已经统治这个家庭3年了，按照猴群家庭更替的规律，主雄猴能维持家庭的时间一般也就1-3年。要知道，妻子成群的生活是每一只成年雄猴的向往，因为这样可以繁育更多自己的后代，因此成年雄猴之间的竞争非常激烈。光棍群里的那群猴子对主雄猴的位置时刻虎视眈眈。每到繁殖期，猴群内部必会有一番激烈的争位战。胜利了可以拥有自己的家庭；失败了就只能独自流浪，有时甚至猴命不保。也就是说，不久之后，大花嘴就有可能被其他雄猴赶出家庭。等到它的女儿有生育能力的时候，大花嘴早已不在这个家庭了。

大花嘴　朱平芬／摄影

冲突不断

秋季是滇金丝猴的集中婚配期。虽然雄猴一年四季都可以与雌猴婚配，但是雌候的孕育期却集中在秋季。因为在这个季节怀孕的话，等到猴宝宝出生，正好赶上食物丰盛的春季。这是猴群不断进化形成的一个生殖策略。每到繁育时期，猴群中就会上演“上位之战”。在滇金丝猴群中，作为拥有家庭的主雄猴自然希望“江山永固”，它不允许那些光棍猴染指自己的妻子，它希望长期拥有自己的家庭，繁育更多的后代。而全雄单元里的挑战者会采取不同的策略以接近主雄猴的妻子。它们的策略有：单刀直入，挑战并击败主雄猴，接管它的家庭；“釜底抽薪”，挑战者可以避开与主雄猴的正面冲突，通过吸引成年雌猴远离原来的家庭，组建自己的家庭；“霸王硬上弓”，挑战猴设法“绑架”即将成年的雌猴或年轻的成年雌猴，组建自己的家庭。

10月，大圣7个月大了，它开始跟随大群游走。不过，大圣还无法独立完成路途较长的迁移，依旧需要长脸携带。10月是收获的时节，响古箐的猴子们有更多的食物选择，可以随意采摘各种各样的果实。由于食物充足，节省了猴群觅食的时间，它们有足够的时间处理自己的事情。秋季，处于繁育季节的滇金丝猴进行其他类型活动的时间要多于另外 3 个季节。

由于是一夫多妻制，成年雌猴为了争夺繁殖后代的机会就要展开竞争。在婚配中，雌猴往往是主动的一方。大花嘴的几个妻子开始主动献殷勤，不断地给大花嘴理毛，希望得到大花嘴的宠爱。

大圣发现猴群有些不对劲，光棍群里的那些光棍经常出现在自己的家庭周围。它们每次出现的时候，父亲大花嘴都要上前驱赶。

大圣的感觉没有错，这个时期光棍猴潜伏在每一个家庭的周围，盯着家庭里的主雄猴，伺机抢占它的家庭，夺取它的妻子。每到这个时候，主雄猴们都格外警惕，一旦发现家庭外围的光棍们，就立即毫不客气地进行驱赶。

话分两头，大圣在家庭中快乐成长，此时光棍群中的朋克开始谋划自己的夺位行动了。朋克从未追求过雌猴，更没有过婚配行为，它要通过和同伴之间的模拟行为，获得一些经验。它开始行动了，朋克张着嘴，脸部肌肉放松，头部夸张地摆动，吸引同伴的注意。平日里嚣张跋扈的朋克，难得如此放松。它看到单疤在旁边，就走过去，拍了拍单疤的头和肩。单疤和朋克的岁数差不多，去年这个时候曾经和主雄猴大花嘴打斗过，不过失败了。它脸上的疤痕就是被大花嘴打伤后留下来的。朋克和单疤先是头顶着头，你进我退，紧接着扭抱在一起，在地上打滚，互相假咬，接着又你跑我追。

平日里朋克总是飞扬跋扈的，可是这段时间，它的脾气明显好了很多，颇有大哥风范。当它和光棍群中的其他成员发生冲突时，总是尽量避免动用武力。

一次，光棍群中的红点正在采集灌木丛中的浆果。朋克走了过去，二话不说，就爬到了树上。但见朋克头向前倾，眉毛上扬，眼睛圆睁，闭着嘴巴，发出咕咕声。它用一只手抓拔红点的毛发，用另一只手抓拍红点的脑袋。朋克这是在威胁红点。紧接着，朋克张大嘴巴，露出所有的牙齿，同时发出哇哇的叫声，这时它的头、颈、肩、身躯和四肢都处于紧张状态，眼睛直盯着红点。其实，朋克这是虚张声势，它

红点　朱平芬／摄影

单疤　朱平芬／摄影

只是吓唬红点，让它离开。红点很识趣，它知道自己打不过朋克，只能屈服。红点坐下来，上身往前弓，缩脖低头，眉毛下垂，目光斜向上看着对方，下巴稍往里收，手撑地面，就这样待了几秒钟。这是表示投降了。朋克见状，头部往前下方倾，眼睛圆睁，直盯着对方，嘴里发出短促而颇具威严的咕咕声，好像在说："给我滚到一边去！"随后，红点转身离开了。

红点和单疤都被朋克欺负过，可能是因为处境相似，红点和单疤的关系比较融洽。它们经常一起玩游戏。猴子怎么玩游戏呢？你看，红点和单疤都张着嘴巴，抱臂摔跤似的扭在一起。看上去，与平常争斗无异，只是动作更加夸张、虚假。接着，它们互相撕咬对方，不过这是一种假咬，只是用嘴触碰，不会真的用牙咬，是闹着玩的。除了做游戏，红点和单疤还经常相互理毛。有时，红点在清理单疤身体的某处前，会使劲拍打这个地方，单疤就像在接受按摩一样，一脸舒坦相。

过一会儿，单疤开始给红点理毛。

话分两头。此刻，朋克有了更大的野心，它想和其他主雄猴一样，拥有自己的家庭。要想实现这个目标，有一个办法便是去挑战那些主雄猴，打败它们，夺取它们的妻子。朋克在进行着准备。此时的朋克在光棍群里已经是名副其实的大哥了。虽然它还要过几年身体才能发育到最强壮的状态，但是它那不可一世的眼神和独来独往的性格，早已引起了主雄猴们的注意。

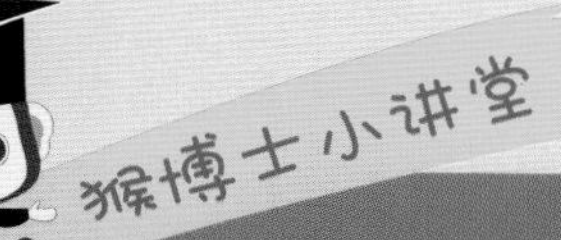

朱平芬博士观察、记录到 48 次主雄猴更替的战斗，涉及 7 只挑战猴和 10 只主雄猴。主雄猴更替战从 1 天持续到 10 天不等，大多数的战斗在 1 天内解决。在 40 次失败的挑战中，她观察到挑战猴和主雄猴 76 次激烈的“互怼”，不过大多数是温和的打斗，其中有接近、盯着、咬牙齿等。只有一次挑战猴咬住了主雄猴，不过依旧失败了。总共有 8 次主雄猴更替挑战成功，成功的例子主要集中在 8 月到第二年的 3 月，失败的挑战主要集中在生育的高峰期（3~5 月）。挑战猴会直接根据对手的外部特征，如身高、体形来评估对手的武力值，据此推断自己和主雄猴发生冲突获胜的可能性。这些“战斗力”评估的指标有体形、体重以及毛发。人们常说人不可貌相，可是灵长类中，雄山魈面部的红色，和它们在群中的排位息息相关，因此它们会将面部红色作为评估个体武力值的一个线索。同样的，滇金丝猴的红唇也有类似的象征意义，主雄猴的嘴唇要比全雄单元里的雄猴的嘴唇红得多。有了这些评估武力值的指标，挑战猴就会事先评估目标主雄猴的实力。在滇金丝猴的社会中，不同的小家庭和全雄单元一起游走、觅食、休息，家庭之间离得比较近，因而光棍猴有机会获取主雄猴的信息。

猴博士观察笔记

滇金丝猴的红唇

滇金丝猴是除了人类之外少数拥有红唇的动物。不过，年龄不同，滇金丝猴嘴唇的红润程度是不一样的。我们注意到成年猴的嘴唇看起来要比青年猴的红润。这是特殊情况，还是滇金丝猴的共同特征？这需要我们仔细观察研究才能知道答案。

很多时候我们仅凭肉眼观察是难以确认滇金丝猴之间的细微差别的，所以我们就把猴群中所有猴子的面部特征都拍下来，然后把照片传入电脑，通过一种专门的软件来比对它们之间的差异。我们发现，成年猴的嘴唇的确比青年猴的红。特别艳丽的红唇有什么好处呢？难道成年雄猴会利用红唇来吸引异性吗？

实际情况却和我们的猜想大相径庭。秋季，滇金丝猴正处于繁育期，可朋克的红唇颜色在慢慢变浅。发生这一改变的还有光棍群里的其他成年雄猴。它们现在不是应该打扮得抢眼，以便吸引异性吗？不知它们为何如此低调。与之形成鲜明对比的是那些主雄猴，它们的嘴唇更加红润，更加醒目。

人说“察言观色，见微知著”。原来，在滇金丝猴的等级社会中，红唇是一种象征，一种权力和地位的象征。在特殊时期，红唇的变化是一种力量的对比和生存的策略。主雄猴们格外红润的嘴唇，是在向那些蠢蠢欲动的光棍传递一个信息：“毛头小子们，老实一点儿，甭惦记我的位置！”而单身汉们的红唇颜色变浅则是一种妥协，以此向主雄猴们表明：“我们可没有和您抢位置的野心。”

主雄猴的位置如同皇帝的宝座，即便是肝脑涂地也有猴子敢于冒险去抢夺。不过，这毕竟是极危险的行动，没有哪只猴子敢于大张旗鼓地去干，除非它相信自己拥有了无可比拟的实力。单身汉们都明白，要想抢夺主雄猴的位置，必然少不了一番恶斗。如果打赢了，就可以继承别人的家庭以及在猴群中的权力。但是一旦输了，就可能受伤，甚至死去。因此，对于一些渴望娶妻生子，但是力量又不足以与主雄猴抗衡的单身汉来说，它们还有一个办法，那便是偷偷与主雄猴的妻子们进行婚配。

在繁育期以外的时间段，主雄猴的妻子们通常都不会搭理那些单身汉，原因很简单，这些雌猴拥有自己的家庭和觅食的领地，生活无忧。而那些单身汉在整个猴群中并没有什么地位，每次觅食只能待在各个小家庭的外缘。对于猴子来说，最重要的两件事就是吃饭和繁殖。雌猴怎么会看得上那些吃饭都成问题的单身汉呢？

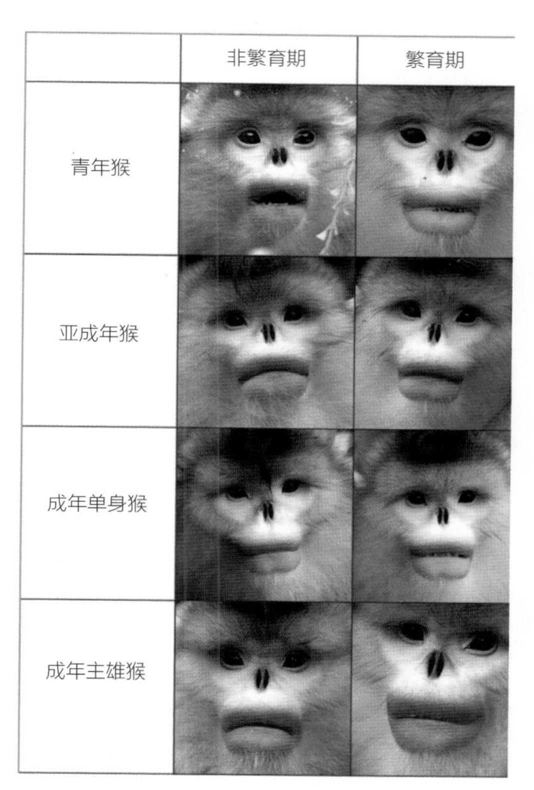

滇金丝猴红唇对比图

但是到了繁育期，情况就不一样了。一只主雄猴拥有多个妻子，它更喜欢那些生育过宝宝的妻子，因为在主雄猴看来，妻子年轻漂亮、身材好这些都是次要的，能生儿育女才是最重要的，而那些生育过宝宝的妻子有经验，生了宝宝更容易养活。所以在繁育期，小家庭中不被主雄猴青睐的年轻妻子们，想要当妈妈，就会一反常态地去搭理那些单身汉。

主雄猴　朱平芬／摄影

朋克一战大花嘴

秋季是滇金丝猴群最为躁动不安的时候，光棍群里的那些单身汉对各个小家庭虎视眈眈，它们急切地想接近雌猴。各个家庭中的主雄猴则加强了戒备，它们不允许外来的雄猴靠近自己的家庭，矛盾一触即发。这个时候，我们关注的重点集中在主雄猴替换的过程中是否有激烈的打斗，主雄猴是否对小家庭内的雌性采取高压统治，雌猴在主雄猴替换过程中扮演着什么样的角色。主雄猴的替换对于研究滇金丝猴的繁殖来说意义重大。

大圣发现这几日朋克有事没事都在自己的家庭周围转悠，它还小，不明白朋克究竟想干什么。只是，每次朋克出现的时候，爸爸都会龇牙咧嘴，驱赶朋克，让其离开。虽然爸爸因为争夺觅食地没少和猴群中的大雄猴发生冲突，但是大圣感觉到这次明显不一样。大圣不明缘由，但它从爸爸凶狠的目光中，可以看出爸爸对朋克充满了敌意。

然而，大圣发现家里的阿姨们对待朋克的态度和爸爸截然不同，它们很欣赏体格强壮的朋克，尤其是年轻的毛脸和花脸阿姨。它们经常和朋克眉来眼去，不过鉴于爸爸的威严，它们并不敢轻举妄动。

在光棍群里休养了几个月的朋克，终于要采取行动了。朋克开始每天在各个小

家庭附近晃悠，时不时和那些小家庭中的雌猴眉来眼去。朋克的举动自然逃不过各个小家庭中的主雄猴的火眼金睛。

此时，昔日猴群中的霸主“联合国”已经日薄西山，勉强维持着一个不大不小的家庭，当年战无不胜的大个子已走下了“神坛”。如今，最风光的当数大圣的爸爸大花嘴，它妻儿成群，如日中天，没有哪只猴子敢于轻易挑战它的权威。

这些主雄猴中，要数大花嘴最先注意到了朋克的异常举动，它感受到了朋克潜在的威胁。大花嘴时刻警惕着，而朋克早已对它的妻子们垂涎三尺。冲突不可避免，战争一触即发！

这一天，滇金丝猴们早早醒来，开始了一天的生活。一日之计在于晨，早上是猴群觅食的一个高峰期。睡了一晚上，它们要及时补充能量。朋克匆匆忙忙填饱肚子后，开始花大量时间观察每个家庭的活动。它在树枝间跳来跳去，使劲晃动树枝，炫耀自己的力量，在猴群中营造出一种紧张的气氛。

大花嘴实力雄厚，所以它们一家聚集在松萝最为密集的树上觅食。作为大花嘴的家庭成员，可以轻轻松松就填饱肚子。此刻，大花嘴坐在一根粗大的树枝上，倚靠着树干，左手从树上摘取松萝，右手往嘴里送。它漫不经心地咀嚼着。在这个区域，它不愁吃不愁喝，可是依旧没有觉得太轻松，它知道周围不止一双眼睛盯着自己。

突然，大花嘴看到前方树枝摇晃，它立即放下手中的食物，瞪大眼睛怒视前方，这神情仿佛在说：“是哪只不知天高地厚的猴子，敢在老子的地盘上撒野？”前方不是别猴，正是朋克。它早就盯上了大花嘴的家庭，前几日一直在周围打转，制造紧张的气氛。这次它决定正面向大花嘴发起挑战。

决斗在即，大圣害怕极了，它从来没有看到过这种阵势。大圣的妈妈长脸立即抱起大圣，暂时离开这块是非之地，它们躲到几十米外的地方去觅食。紧接着，大圣的阿姨们也离开了。看来它们并不想介入这场争斗。

朋克在附近不停地晃动树枝，这是一种挑衅行为。坐在树枝上的大花嘴一下子

火了，它站了起来，纵身一跃，跳到了另一棵树上。这棵树距离朋克不足5米，大花嘴一跃可达。两只猴子彻底摊牌，怒目相对。大花嘴极为愤怒，这里是它的地盘，别的猴子都要回避，一只外来的猴子竟然敢挑衅。大花嘴霸道，因为它的确有这个实力，这里的猴子几乎都是它的手下败将，即便是大个子、“联合国”见了它也要退避三舍。大花嘴怒不可遏，张开大嘴，露出长长的如同匕首一般的獠牙，同时发出一阵咆哮。远处觅食的单身汉们听到这雷霆之吼，如临大敌，纷纷逃窜。树枝上的松鸦被惊得慌忙离巢飞走，刚刚从树洞中探出头的松鼠立即缩了回去，在地面上觅食的红嘴蓝鹊也惊慌失措。

松鸦　大山／摄影

松鼠　大山／摄影

红嘴蓝鹊　大山／摄影

要是换成别的猴子，早就被大花嘴吓得俯首称臣了。可是朋克不为所动，它离家在外流浪多年，经历的事情多，沉着老练得很。朋克同样张开嘴，龇牙瞪眼，回应大花嘴。

是可忍孰不可忍？大花嘴怒火中烧，它弓着腰，抬起前肢，一下子跳到朋克所在的树枝上。只见树枝不停地晃动，折断的树枝纷纷掉到地上。正在玩耍的婴猴们被这阵势惊呆了，纷纷躲到妈妈的怀里。朋克与大花嘴开战了！它们在树上斗了数十回合。双方都使出了浑身解数，却难分胜负。

树上较量不出结果，双方又将战场转移到了地面上。朋克弓起腰，瞅准机会抱住了大花嘴。顿时两只猴子扭打在一起。大花嘴搂住朋克的脖子，张开大嘴撕咬朋克的面部。朋克用力把大花嘴推开了。响古箐的滇金丝猴们以前也发生过很多次战斗，可是今天这场战斗尤为激烈。以往，两只雄猴基本上是两三个回合就可以分出胜负。一方觉得力量不敌对方，难以取胜，马上就会俯首认输，绝不恋战。胜利者也很大度，见对方投降了，也会就此收手。可是朋克和大花嘴第一次较量就持续了40 分钟，双方都没有表现出要投降的姿态。

前几个回合拼的是力量和打斗的技巧，再往后拼的主要就是体力了。最终，大花嘴的体力显露出优势，朋克败走。大花嘴虽然获胜，但是它已精疲力竭，无力追赶，只是对着败走的朋克张开大嘴，发出一阵咆哮，仿佛在说：“有种你别走！”

赢得胜利的大花嘴大摇大摆地从地面走向大圣和阿姨们觅食的地方，一边走一边咧着嘴，仿佛在炫耀自己超强的战斗力。大花嘴用这种方式告诉它的妻子们，自己依旧强悍，也向那些敢于挑战它的猴子们发出警告：“老子依旧是响古箐最厉害的主雄猴，是不可战胜的！”

猴博士小讲堂

根据我们的观察，凡是成功抢得主雄猴妻子的单身汉，都是蓄谋已久的。它们一般有两个夺妻策略：第一个策略是找个软柿子捏（实力较弱的主雄猴，在猴群中地位较低），这样成功的概率相对较大，可是实力较弱的主雄猴大多是已近暮年或者受伤的猴子，虽然它们相对其他主雄猴好对付一些，可是拥有的妻子数量也少，通常只有一两个；第二个策略便是抢占一个妻儿多的家庭。我们发现挑战猴并不特别关注目标家庭大小、组成、雌性的数量。也就是说，挑战猴更关注的是夺位的成功率，而不是获得利益的大小。但凡妻儿众多的主雄猴，都非等闲之辈。与它较量虽然收获大，但是付出的代价也大。挑战猴这种选择或许很好理解，主雄猴在群体中的地位是打出来的。挑战猴如果挑战地位较低的主雄猴，受伤的可能性就比较小。此外，主雄猴地位较低的家庭中的雌猴，更愿意跟随获胜的挑战猴。这是因为地位低的主雄猴无法带领家庭在食物丰富的地方觅食。作为其妻子，自然希望主雄猴更替，希望新来的挑战猴可以带领它们抢占资源丰富的觅食地。

与其他一夫多妻制的动物相比，滇金丝猴群体中主雄猴的替换过程还算是平和的，即便发生打斗，也不算非常惨烈。而且，有些雄猴不是靠战斗上位的，当然，有些主雄猴也不是因为战败而离开家庭，失去在家庭中的统领地位的。比如有的主雄猴会发生意外而消失，它的妻子们就会带着婴猴与其他小家庭合并，或者投靠一个单身汉。

滇金丝猴家庭中的雌猴之间大多存在血缘关系，因为它们出生后通常都不离开猴群，很容易形成一个雌性联盟。所以再威风的主雄猴，也要注意和妻子们搞好关系，否则，它的妻子们就会集体“出走”，投奔其他家庭。我们在野外观察滇金丝猴的过程中发现，那些对妻子好的主雄猴，维持住家庭的时间大约有3年；而那些脾气不好的主雄猴，当家长的时间很少超过1年。

朋克再战大花嘴

根据我们的观察，主雄猴维持一个家庭的时间通常为1~3年，很少有超过3年的。来自单身汉的挑战是主雄猴更替频繁的主要原因。此外，主雄猴妻子们的态度也是决定主雄猴维持家庭时间长短的重要因素。我们好奇的是，在主雄猴被替换的过程中，雌猴的态度到底如何？它们究竟站在哪一边？

在大花嘴与朋克的打斗中，大圣见识到了父亲的威猛。它和长脸妈妈以及圆脸、方脸、毛脸阿姨都为父亲的胜利感到高兴。然而，大圣发现花脸阿姨似乎不太高兴。平日里大花嘴父亲和花脸阿姨的关系就不是很亲密。

朋克第一次和大花嘴较量时，虽然没能取胜，但展现出了超强的战斗力。这一切都被大花嘴的妻子们看在眼里，尤其是花脸，它似乎从朋克身上看到了新的希望。

话分两头，失败后的朋克没有气馁，它继续寻找新的夺位机会。这次它改变了策略，变得低调了，不再公然跑到大花嘴面前挑衅，而是悄悄潜伏在大花嘴家庭的周围，试着接近它的妻子们。朋克发现大花嘴的妻子花脸有些被大花嘴冷落，即便花脸主动向大花嘴献殷勤，大花嘴也是爱搭不理的。朋克觉得这是一个机会。有一天，花脸远离大花嘴独自觅食，朋克瞅准时机，悄悄凑近花脸，对着它不停地吧唧嘴，这是滇金丝猴表达爱意的一种方式。花脸本来在家庭中就没有什么地位，有些失落，而朋克身体强健，又主动对它示好，让它产生了投靠朋克的想法。即便朋克没能打败大花嘴，花脸也愿意给它机会。朋克和花脸就这样一拍即合。

大花嘴对朋克和花脸偷偷“约会”有所察觉，开始对花脸严加看管，不允许它私自离开家庭。同时它时刻留意朋克的动向。一连几天，朋克都无法接近花脸，于是它悄悄潜到大花嘴家附近，趁着大花嘴觅食的时候，给一旁的花脸传递信息。结果，朋克的举动被小心提防它的大花嘴当场发现。朋克与花脸的行为彻底激怒了大花嘴，这一次它要和朋克做一个了断。

大花嘴挥舞着强有力的手臂向朋克示威，好像在说：“有本事来和老子大战 300 个回合，不要躲在一边当缩头乌龟！”

朋克也不示弱，它跳将出来，立起身子，张开大嘴，露出长牙。对朋克不满已久的大花嘴终于有了可以大打出手的机会。说时迟，那时快。大花嘴后腿一蹬，前臂伸开，扑向了朋克。大花嘴的前臂格外有力，是打斗中的重要武器。朋克避实就虚，后退一步，躲开大花嘴的正面冲击，顺势双手抱住了大花嘴的脖子。两只猴子扭打在一起。扑通一声，它们齐齐摔倒在地。朋克就势骑在大花嘴身上，一只手掐住大花嘴的脖子，另一只手击打大花嘴的脸。大花嘴暂时处于不利地位，可是身经百战的它没有慌张，而是猛然一个侧翻，反守为攻，将朋克压倒在地上。大花嘴“以其猴之道还治其猴之身”，两只手死死掐住朋克的脖子。朋克拼命挣扎，使出全身力气，用后腿猛然蹬开大花嘴。

英雄不在地上斗，地上不显真功夫！地面上的战斗没有决出胜负，大花嘴和朋克又跑到树上开始第二轮的较量。

朋克一只手抓住树枝，伸出另一只手猛打大花嘴的脸。大花嘴恼怒地张开大嘴撕咬朋克的手掌。朋克急忙缩回手。大花嘴顺势抱住朋克。朋克用后腿夹着树枝，用前臂牢牢地抱住了大花嘴。两只猴子在树上扭打在一起，谁也不肯先松手，就这样僵持着。那根树枝算不上粗大，哪里经得住两只猴子的重量，在不停的晃动之下，

雄性滇金丝猴在打斗　朱平芬／摄影

咔嚓一声，树枝断裂了，大花嘴和朋克一起重重地摔在地上。此时朋克在下面，大花嘴压在它身上。朋克右臂着地，恰巧碰到地面上的一块石头。只听咔嚓一声，紧接着便是哇的一声惨叫，原来是朋克的右臂折断了。朋克受了伤，不敢恋战，只好忍着剧痛，拖着右臂跑开了。有朋克垫底，大花嘴虽然从树上摔了下来，但并没有受重伤，只是脸部有几处被树枝划破了，它见好就收，没有趁朋克受伤之机去追击它。

战败的朋克没有回到光棍群，而是带着满身伤痕孤身离开，消失在茫茫林海。没人知道朋克去了哪里，也不知道它能否养好伤活下来。

在滇金丝猴群中，主雄猴的更替时常发生，这一刻是主雄猴，拥有繁殖后代的权力，下一刻就可能沦为光棍，流离失所。这便是野生滇金丝猴家族残酷的生存法则。

猴博士小讲堂

我们通过观察，发现在主雄猴交替的过程中，雌猴基本上都是不会插手的。如果主雄猴的妻子们肯出来给它们的丈夫撑撑场，前来挑战的猴子无论多么强大，也是双拳难敌四手。可是主雄猴的妻子们为什么都是一副事不关己高高挂起的架势呢？

在主雄猴更替的战斗中，雌性会待在觅食或者休息的地方观战。主雄猴将挑战者赶走后，会主动回到雌性身边。在我们观察到的 8 例挑战者夺位成功的案例中，并非所有雌猴都接受了新来的主雄猴。其中两个家庭中，有大约一半的雌猴依旧跟随原来的主雄猴。在家庭变动过程中，我们从来没有看到挑战者或者主雄猴对雌猴动粗。因此，雌猴可以选择配偶，决定自己是留下还是离开。如果雌猴不愿跟随挑战者，即便它获胜也无用。对于拥有后代的成年雌猴而言，它们选择配偶的时候就会多一层顾虑，如果改换门庭跟随新的主雄猴，婴猴被杀的风险就会增加。而继续跟随原来的主雄猴，对保护孩子是有利的。

乘虚而入

朋克与大花嘴的两次对决震动了整个猴群。朋克失败了，大花嘴也受了伤。朋克离开后，我们把观察的重点放到了光棍群中的其他猴子身上，尤其是红点和单疤。它们是否会有所行动呢？

自从朋克被大花嘴击败后，大圣一家获得了短暂的平静。大圣不理解“大人们”的世界，为何非要打个你死我活呢？大圣希望像往常一样，一家安稳地生活，没想到前浪远去后浪更磅礴。

光棍群中的红点和单疤，是一对好朋友。它们从小一起长大，一起进入光棍群，如今更是结成攻守联盟。它们默默地在光棍群中生活了 5 年，梦想有一天可以像其他主雄猴一样，拥有众多的妻儿，成为猴群中威严、显赫的家长，带领家庭享受最好的取食地段。在光棍群中，红点和单疤在遇到比自己强大的对手时，会弯腰伏地以示屈服，遇到比自己弱小的对手时，它们又会耍一耍威风。

红点和单疤一直关注着朋克和大花嘴之间的战斗，虽然朋克失败了，可是大花嘴也受了伤。红点感到这是一个夺取大花嘴位置的绝佳机会，如果等到大花嘴养好伤，恢复了体力，再想击败它可就困难了。可是红点一直害怕大花嘴，以前它不知道挨过大花嘴多少次揍，即便如今大花嘴受了伤，红点心里也没有底，所以不敢轻举妄动。红点想找个帮手，它想到了好朋友单疤。虽然它和单疤从小一起长大，但

是单疤拥有一段令它羡慕的经历。半年前，单疤曾经离开猴群，独自在外面闯荡了三四个月，后来又回到了猴群。对于当地的猴子来说，在猴群外面的经历是宝贵的。红点也曾经想到其他猴群闯荡一番，可是最终没有下定决心，它缺少单疤那样的勇气。单疤去年就和大花嘴打过一仗，脸被大花嘴挠伤了，如今正想着报仇呢。这两只猴子不谋而合，为了共同的目标，它们决定一起行动。

第二天，不等大花嘴体力恢复，红点和单疤就开始在它家附近踩点。它们的活动，引起了大花嘴的警觉。正在享受妻子理毛的大花嘴，挺起身躯，留意着这两只猴子的动向。

红点和单疤原本要联合行动，可是单疤夺位心切，临时改变主意，率先向大花嘴发起了挑战。按照猴群中的规矩，谁先击败主雄猴，谁就拥有优先支配主雄猴妻子的权力。冒失的单疤发起了进攻，它加速助跑，后腿蹬地，冲向大花嘴，同时喉咙里还发出低沉的吼叫声。面对单疤突如其来的攻势，大花嘴丝毫没有慌张。它身经百战，擅长后发制人。

红点在一旁密切注视着单疤和大花嘴的较量。

单疤伸手去打大花嘴。大花嘴以静制动，一只手挡住单疤的进攻，另一只手瞬间把单疤的头摁住。单疤的攻势就这样被大花嘴轻而易举地化解了。大花嘴开始反击，它一口咬住单疤。单疤拼命挣脱，沿着山谷逃出数百米，鲜血洒了一路。大花嘴紧追不舍，一方面，它要教训一下这个不知道天高地厚的家伙；另一方面，它要让在一旁静观其变的红点明白自己依旧是响古箐的老大。为了震慑光棍群里那些蠢蠢欲动的单身汉，大花嘴要彻底击败一切挑战者。

大花嘴绕着山谷撵了单疤好几圈，直到把单疤逼向远离猴群的河边。此刻的单疤已经无路可逃，只能背水一战，可是它依旧无法抵抗大花嘴的进攻。大花嘴把单疤的下唇咬出了一个近 1 厘米宽的豁口，血不停地流下来。然而，大花嘴并没有就此收手，它要置单疤于死地。

危急时刻，生死关头，红点冲过来挡在了单疤面前。红点的参战并没有使大花嘴退缩，它反而对此有些嗤之以鼻，不屑一顾。面对红点和单疤，大花嘴再次摆出迎战的姿势。大花嘴很老练，从不急于进攻，而是在发现对手的破绽后再给予致命一击。红点刚刚目睹了单疤惨败的过程，领教了大花嘴的威力，自然不敢轻举妄动。

大花嘴要挑战联手的红点和单疤，自然会更加谨慎，它四下打量一番，要设法避开两面夹击。红点估摸着大花嘴昨天已经和朋克大战了一场，刚才又和单疤干了一架，这会儿应该累了。于是，红点示意单疤，一起对大花嘴发起攻击。

大花嘴既没有退缩，也没有示弱，它勇敢地迎上去，与来势汹汹的红点和单疤对决。大花嘴左推右挡，3 只猴子厮打在一起。红点正面和大花嘴抱在一起，单疤在背后抱住大花嘴，一口咬住它的肩膀。大花嘴忍着剧痛，全然不顾单疤的撕咬，它双臂发力，将红点推倒。随后，大花嘴转过身子，把单疤甩开了。接下来，双方又对峙了几分钟，就在大花嘴快不耐烦的时候，红点和单疤转身离去了。大花嘴赢得了这场战斗的胜利。

这段时间里，大花嘴经历了大大小小数十次战斗。无论是争抢食物还是面对单身猴的挑战，不管是单挑还是群殴，大花嘴始终立于不败之地。在猴群中，大花嘴打出了威名。

猴博士小讲堂

对于雄性滇金丝猴来说，抢夺家庭的道路充满了艰险，要经历一次又一次的失败，最后才有可能成功。一只单身猴在抢夺家庭的过程中，往往和猴群里几只主雄猴都交过手。抢夺家庭时，单身猴只靠自己的力量往往不足以对抗身经百战的主雄猴。所以单身猴们往往会结盟，一起去抢占一个家庭。在不断的挑战、失败、再挑战、再失败、再挑战的过程中，坚持到最后才有机会获得胜利。很多单身猴在打斗的过程中会身负重伤，甚至丢掉猴命，再也没有机会拥有家庭。而在每年的主雄猴更替中，失败的主雄猴都十分凄惨。一旦无法保护妻儿，它们在猴群中的地位就会一落千丈，随即“虎落平阳被犬欺”。战败的主雄猴主要有 3 种选择：第一，离开原来的猴群，到其他猴群中去争夺配偶，但其他猴群的主雄猴如果体格更健壮，它们的成功概率就会很低；第二，可以自降身份加入光棍群，不过单身汉在整个猴群中是地位最低的，这会严重挫伤战败者的“自尊心”；第三，选择独处，结果或者是被天敌吃掉，或者是孤独终老。因此，在猴群中，主雄猴的死亡率很高，寿命也很短。

青年猴在游戏　夏万才／摄影

扫一扫，登录“中少总社阅读魔方”微信公众号，回复“玩耍”，观看精彩视频（朱平芬拍摄）

朋克三战大花嘴

11月，响古箐已经有了冬季的迹象，晚上气温降到零下，早上起来树叶披上了洁白的霜。随着冬日的临近，山上的食物日渐短缺，阔叶林纷纷落下叶子，山上的竹子、冷杉虽然依旧保持本色，不过明显缺少了春夏的朝气。大圣开始慢慢独立，每天几乎超过一半的时间离开长脸，独立活动，它有能力完成大部分的运动行为。

这段时间，大圣整天过得提心吊胆，父亲大花嘴和不同的猴子进行多次较量。每次打斗的时候，长脸都会带着大圣远远离开，它们只在远处观看大花嘴和挑战猴的较量，从来不会参与打斗。好在大花嘴最后都胜利了，家庭没有发生变动，大圣依旧过着安稳的生活。

话分两头，朋克去哪儿了呢？右臂骨折的朋克，离开猴群后能生存下来吗？

朋克离开猴群后，光棍群里虽然断断续续还有猴子向大花嘴发起挑战，但往往交手不到 3 个回合就败下阵来。红点、单疤虽已成年，但是还没有达到身体最强壮的时候，无论是力量还是打斗经验，它们都不是大花嘴的对手。大个子和“联合国”这两个猴群中昔日的霸主，早就拥有了自己的妻子和孩子，它们只想维持家庭稳定，无意向外扩张，更不想去招惹强大的大花嘴。失去朋克的猴群顿时少了激烈的竞争。从猴群长远的发展考虑，这并不是一件好事。自然界讲究优胜劣汰，只有存在激烈的竞争，才能催生最强壮的猴子，猴群的优良基因才能更好地延续下去。

一个平静的早晨，阳光透过密林照在觅食的猴子身上。这时，一个身影出现了，它悄然潜入大花嘴的地盘。大花嘴露出惊讶的表情。没二话，两只猴子一见面就打在一起。我被打斗声吸引过去，定睛望去，只见两只雄猴正在树上激烈打斗。我一眼便认出了大花嘴，可是另一只猴子是谁呢？不是红点，不是单疤，也不是“联合国”、大个子，我把这里的猴子都数了一遍，依旧对不上号。它的身体和大花嘴的一样强壮，只是右臂耷拉着，好像受了伤。

这么多天，没有哪只猴子能和大花嘴这般纠缠。突然间我想起了什么，但是马上又摇了摇头，推翻自己的猜测。我仔细观察那只和大花嘴打斗的猴子，追随它在密林中来回辗转，费了好大劲才看到它的正面。天哪，这不是朋克吗？朋克回来了！距离上次打斗已经 3 个月了，它看上去比以前更加精神，更加壮实。不过，它的右臂似乎落下了残疾，在打斗中一直耷拉着。

打斗还在继续。大花嘴双手抱住朋克，朋克用左臂将其挡开。朋克在树上坚守了几个回合，开始有些吃力，它仅有一只用得上力气的手臂，既要出手相斗，又要不时抓住树枝，保持身体平衡，所以它很难占据明显的优势来击败大花嘴。朋克发现在树上打斗无法取胜，就立即跳下来。大花嘴早已打红了眼，它紧随其后，也跳到地面上。两只猴子开始了地面的对决。朋克和大花嘴从大树间打到草地上，又从草地上打到大树间，格斗声伴随着吼叫声，吓得其他猴子远远地避开了。

朋克右手不能动，它便将全身力量都集中在左手上，出其不意地击中了大花嘴的头部。大花嘴踉踉跄跄地往后退了几步。朋克抓住这个绝佳的机会，快步上前，再来一记重击，一巴掌正打中大花嘴的面门。大花嘴应声倒下。朋克顺势骑在大花嘴身上，用左手掐住大花嘴的脖子。大花嘴并不服输，它来了个绝地反击，用两只胳膊搂住朋克，一个翻身把朋克压在地上。朋克仅有一只胳膊用得上力，不好翻身。此刻，大花嘴死死地掐住朋克的脖子，试图置它于死地。生死之间，朋克用尽全身力量抱住大花嘴，用后肢紧紧盘住它的后背，然后猛地翻转身体。恰巧前方有一个山坡，两只猴子一起滚了下去。大花嘴的头部狠狠地撞在一块岩石上，压在它上面的朋克仅仅受了轻伤。

大圣和长脸妈妈一直在等待大花嘴，等待它像往常一样，迈着霸王步，雄赳赳气昂昂地走过来和它们会合。可是，这次大圣怎么等也等不来爸爸了。

头部受了重伤的大花嘴慌乱间落败而逃，躲到了森林中的一个角落。由于伤势过重，没过几天它就死了。

猴博士观察笔记

大花嘴的启示

我们为朋克庆祝的同时，也为大花嘴感到惋惜。护林员在森林的一个角落发现了大花嘴，它由于伤势过重，已经奄奄一息。随后，护林员小心翼翼地把大花嘴抬到野生动物救护站，采取了一些治疗措施，希望能挽回它的生命。可是第二天一大早，大花嘴已经没有了生命迹象。从大花嘴的脸上，护林员没有看到痛苦，也没有看到遗憾，它走得很安详。大花嘴已经通过自己的努力将自己的优良基因留给了它的孩子，留给了滇金丝猴“响古箐种群”。大花嘴还用它的传奇故事告诉人们，如果没有人类的干扰和伤害，即便生活在环境严酷的高海拔森林，滇金丝猴依然能够遵循自然规律，世世代代生生不息。对于我们这些研究者来说，大花嘴不仅带给我们科学研究上的发现，填补了我们在滇金丝猴认知上和研究中的一些空白，也带给我们深刻的思想启迪。我们弄清了滇金丝猴如何用它们的智慧选择最优基因进行遗传，我们还了解了主雄猴在保障家庭成员生存、婴猴存活率以及维护家庭稳定和睦等方面所发挥的重要作用。

休息　朱平芬／摄影

雪中的滇金丝猴　朱平芬／摄影

第四章 冬季

对于奉行“素食”（植食性）的滇金丝猴来说，冬季是一个严峻的考验。冬季气温低，滇金丝猴为了保持体温会消耗很多能量，可是这个时期，大风和积雪增加了取食的难度，而且食物的质量也降到了最低点，从而导致它们的能量摄取严重不足。滇金丝猴在生存条件严酷的冬季如何维持身体的营养需求呢？这成为了我们冬季时研究滇金丝猴的焦点。当然，我们也在继续关注着刚刚更换了“家长”的大圣一家。

杀 婴

在多数亚洲疣猴亚科中，占有统治地位的雄性的替换过程通常都伴随着激烈的打斗，而且在主雄猴完成替换之后，新主雄猴往往会杀死前任留下的婴猴，以使雌猴尽快繁育它的后代。滇金丝猴是否也是如此呢？

大花嘴死了，长脸带着大圣依旧生活在原来的家庭。对于新来的朋克，大圣害怕极了。它开始收敛性子，紧紧跟在长脸身后，不敢随意闹腾了，此刻只有妈妈才是最坚强的依靠。在大花嘴几个妻子中，长脸年龄最大，资格最老，它没有接纳朋克。家庭处于冷战状态。

朋克虽然赢得了妻子，可是，正所谓打江山难，守江山更难。朋克以为只要拥有武力和智慧就可以成功拥有一个家庭，此时，它还不知道要及时和妻子交流感情。朋克一副以自我为中心的样子，把妻子晾在一边，它犯了滇金丝猴社会的大忌。要知道，猴群中的雌猴可是惹不起的，它们之间大多有血缘关系，这个家庭不能待，它们可以立即跑到其他家庭里。不久，朋克就尝到了苦头。

朋克击败大花嘴后，成为了响古箐新的主雄猴。不过在和大花嘴争斗的过程中，朋克也多处受伤，此刻它急需休养生息、恢复体力。因为朋克在打斗中的英勇表现，猴群里众多雄猴暂且不敢挑战它的权威。

朋克依靠武力击败了大花嘴，仅仅是夺取家庭的第一步。正所谓马上得天下，不能马上治理天下。对于大花嘴的妻子和孩子，朋克必须使用“怀柔政策”。获胜的朋克接下来的任务就是要和大花嘴的妻子们建立感情，只有大花嘴的妻子们接受它，它才算真正拥有这个家庭。

此刻，大圣发现妈妈和家里的阿姨们对朋克的态度出现了分化。妈妈长脸、方脸阿姨和玲玲姐姐一直躲着朋克，而圆脸阿姨、毛脸阿姨和花脸阿姨对新来的朋克却非常热情，经常帮助朋克理毛。

朋克要想完全占有这个家庭，必须也得到长脸和方脸的接纳。然而，长脸和方脸身边都有孩子，显然它们不愿意和朋克接近。

一个月过去了，朋克都没有顺利和长脸、方脸亲密接触。朋克有些急不可耐。这天早晨，朋克跑过来想和长脸亲近，长脸一下子跑开了。朋克又去找方脸。看见朋克过来，方脸立即开溜，情急之下把婴猴二壮丢下了。朋克又气又恼，它一只手将地上的二壮举了起来。

方脸见状，立即对朋克发出威胁。紧接着，长脸和玲玲也加入方脸的阵营，就连往日和朋克关系好的毛脸和花脸也看不下去了，一起加入方脸的阵营，它们怒怼朋克。面对雌性联盟，朋克自然不敢造次，只好暂时离开。可是，朋克一不小心将手臂上的二壮滑落了。说时迟，那时快，朋克立即用另一只手去抓掉落的二壮。它抓住了二壮的腹部，不过由于用力过猛，将二壮抓伤了。方脸重新将二壮抱起，和家庭其他雌猴坐在一起。此刻，朋克被孤立在一旁。方脸见二壮伤势过重，将其遗弃在一棵杜鹃树上。中午，二壮就死了。

失去二壮的方脸，似乎很快就忘记了自己的孩子，顺从地做了朋克的妻子。此后，长脸也接受了朋克。至此，朋克才算真正拥有了整个家庭。

朋克明白自己能靠打斗快速成为一方霸主，也能瞬间成为流浪汉，它必须巩固自己在家庭和猴群中的地位。为此，朋克时常猛烈摇晃树枝，向猴群中的雄猴炫耀自己的强大，并精心照料家庭中的每一个成员，为家庭成员寻找和争得更多的食物，

亲密相处　朱平芬／摄影

保护它们不受侵害。朋克成为新家长后，继续养育前任大花嘴的后代，这对于猴群来说是非常有利的，因为滇金丝猴幼仔在野外环境中生存下来非常不易，朋克的这种行为有利于种群的繁衍。

猴博士小讲堂

一直以来，美丽的滇金丝猴都给人一种温柔、可爱的印象，尤其是它们群中的阿姨行为和母猴携带死婴的行为更是让人动容。可是，2007年和2009年，向左甫博士和任宝平博士先后报道了滇金丝猴的杀婴行为，一下子颠覆了我们对它们原有的认知。动物界的杀婴行为，是指动物界成年个体杀死同种未成年个体的行为。对于动物间的阿姨行为我们可以理解，可是杀婴行为就让人费解了。即便是动物没有文化，缺少像人类一样丰富的情感，但是杀婴对整个种群而言也是不利的，这种行为在进化上应该会被淘汰的。但通过观察，我们发现真实情况并非如此。科学界目前普遍认为，杀婴行为主要是为了让婴猴的妈妈能尽快和新的主雄猴进行婚配，繁育新的后代。

义亲抚育

大圣目睹弟弟二壮死于朋克之手，它害怕极了，担心自己有一天也会被杀。虽然滇金丝猴的杀婴行为很少出现，可谓十年不遇，可是在大圣幼小的心里埋下了阴影。虽然有母亲长脸保护，可是大圣依旧感觉不安全，它决定离家出走。

大圣虽小，可是它在猴群中可以和各个家庭的婴猴自由玩耍，因此结交了不少同岁的好朋友。一天早晨，大圣从过夜树上下来，没有和家庭成员一起去觅食，而是径直走到别处。长脸妈妈以为大圣贪玩，并没有在意。大圣离开家庭活动的地方，来到了大个子家附近，去找好友小四玩耍。小四是大个子家今年出生的婴猴。

看到大圣出现，小四立即跑过来和好朋友一起玩耍。小猴子之间的玩耍，再正常不过了。大个子一家在觅食，主雄猴大个子和它的家庭成员对大圣的出现，表现得很平淡，既没有任何敌意，也没有极大的热情。它们从高的冷杉树上转移到地面活动。

大圣和小四玩耍了一阵。随后大个子一家到别处觅食，小四虽然还没玩够，但必须跟着家庭离开。按说大圣也该离开了，但它并没有回家，而是紧随大个子一家进行移动。通常这个年龄段的小猴，在家庭移动的过程中，会有家长携带前行。可是在移动的过程中，大个子家没有哪只猴子携带大圣。很明显，大个子家虽然不排斥大圣，但也不欢迎它。

看来大圣是不打算回家了，这种情况在猴群中还是第一次出现。猴子的事情，我们人类不能过多干预，我们只有静观其变。

果不其然，大圣继续待在大个子家中，并且在此留宿。第二天一早，大圣和大个子一家一起在地面觅食，显然它们的关系近了一步。看样子，大圣并没有回家的打算。奇怪的是，长脸妈妈也没有出来寻找大圣。

中午时分，小四躺在妈妈四娘怀里吃奶。此时，大圣竟然凑了过来，它坐在四娘身边，伸手触摸小四。一会儿，大圣有些按捺不住了，一下子把头伸过来，叼住四娘另一个乳头吃起奶来。虽然滇金丝猴中存在阿姨行为，可是四娘和大圣非亲非故，按说应该驱赶大圣。然而，令人惊奇的是，四娘并没有排斥大圣，竟然允许它和自己的孩子一起吃奶。四娘的行为，上演了大自然中温情的一幕。

傍晚，大个子家开始前往夜宿地休息。之前大圣在后面独自跟随，然而这次，主雄猴大个子竟然携带大圣走了 30 米。突如其来的幸福，让大圣有些受宠若惊，要知道，大个子平日里凶巴巴的，连亲儿子小四都不敢靠近。幸福还在继续，第二天移动的时候，大个子又携带大圣走了 50 米。由此看来，大圣已经完全融入大个子一家了。一般情况下，家庭中主雄猴虽然对婴猴非常宽容，但是在家庭游走期间很少携带婴猴。看来大个子对大圣很是关照。除了主雄猴大个子外，整个观察期间，我们发现并没有其他个体携带大圣，也没有看到长脸寻找大圣。

大圣在大个子家里待了足足一周，不知为何，一周后，它离开了大个子家，来到了光棍群。正常情况下，小雄猴要长到 3 岁后，被原来的家庭驱赶，才会加入光棍群。而大圣显然还不到加入光棍群的年龄，不知为何主动来到了这一群体。既来之，则安之，之后的一段时间内，大圣随着光棍群一起觅食、休息、游走。

更有意思的是，在外面游荡一个月后，大圣又回到了自己家中。虽然爸爸大花嘴不在了，可是毕竟还有妈妈长脸和阿姨们。

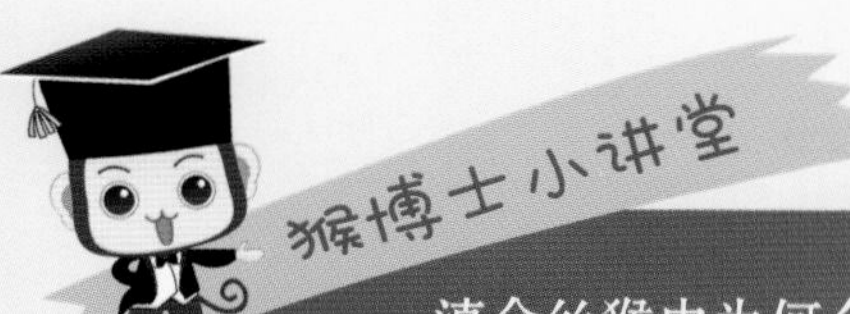

滇金丝猴中为何会出现义亲抚育呢?

"母亲学习假说"认为，年轻的雌猴抚育、照顾别家孩子是一个学习的过程，通过积累经验，以后可以更好地照顾自己的孩子，提高头胎的成活率。

"亲代抚育迷失"假说认为，哺乳期雌猴相关的社会和激素因素可能是其进行义亲抚育的原因。

在滇金丝猴的例子中，任宝平和黎大勇博士认为其符合亲代抚育迷失假说。哺乳期的雌猴照看自己孩子的时候，在激素分泌，如催产素和催乳素的作用下，有利于和非亲婴猴形成临时的联系纽带，增加容忍度。另外，滇金丝猴婴猴死亡率接近60%，孤婴不可能在没有母亲关怀和抚育的情况下生存。因此，义亲抚育有利于种群的延续。

我们在观察中发现主雄猴大个子也对大圣有关爱的行为，这又是为什么呢？由于观察时间有限，观察到的滇金丝猴的数量也有限，这个问题目前我们还没有找到答案，后续还需要进行更多的观察和研究。

重建家庭秩序

朋克成为响古箐新的主雄猴，在安抚完家庭后，它需要在猴群中确立自己的地位。每个家庭都想占据食物最丰富的地带，冲突不可避免。为了解决这些纷争，不至于每次打斗都闹出猴命，猴群之间有一定的规矩，这个规矩就是等级制度。猴群的竞争不同情弱小，家庭等级的排序靠实力说话。

大圣重新回到家中，它明显感觉到现在的家庭在猴群中的地位一落千丈。以前，爸爸大花嘴在的时候，大圣可以跟随家庭成员到食物最丰富的地方觅食。如今大圣发现以前觅食的地方早已被其他家庭占据，新上任的朋克暂时还不能带领家庭走向复兴。

朋克要和其他各个家庭的主雄猴展开新的较量，以此确立在猴群中的等级。朋克需要向家庭证明，以前大花嘴给它们带来的种种特权，它也可以做到。朋克面临的第一个挑战者是大个子，自从大花嘴被取代后，大个子占据了原属于大花嘴的地盘。这不，大个子把食物最为丰富的地盘抢过来，给自己的妻儿最好的生活条件。朋克当然不干，它安顿好家庭后，准备收复失地。

猴群中主雄猴之间争夺地盘之战，胜负虽然主要取决于它们打斗的实力，但也和它们妻子的支持是分不开的。朋克和大个子发生了冲突，两只猴子瞬间怼上了。此刻，朋克的妻子们在一旁掠阵，它们看到自己的丈夫作战英勇，身经百战而毫发未损，认定它智勇双全，必能胜任家长的职责，更坚定了自己当初的选择。朋克得到妻子们的支持，精神抖擞，实力大增，开始对大个子主动出击。而大个子仅有 3

个妻子，明显处于劣势。朋克的妻子们加入战斗，它们左右夹击，大个子一下子处于劣势，被咬得鲜血淋漓，抱头鼠窜。于是朋克一家重新占领了食物最丰富的地盘。

地盘划定后，各个家庭之间关系趋于缓和，猴群又恢复了平静。

猴群的生活很有规律，集体行动异常协调。冬季，滇金丝猴的取食时间明显增多，远多于其他季节。与此同时，猴群为了减少不必要的能量消耗，它们除了采集食物，其他时间尽量都用来休息。根据观察，冬季它们一般早上 9 点左右“起床”，醒来后的第一件事情就是吃东西。这群猴子个个都是十足的吃货，一天中有一半时间都在吃。可以说它们不是在吃，就是在去吃的路上。猴子们每天上午和下午有两个取食高峰，中午要雷打不动地进行午休。在寒冷的冬季还要进行日光浴。

滇金丝猴一天中除了取食、休息、移动外，理毛也是一项重要的活动。它们的理毛可不同于人类的理发，滇金丝猴的理毛是指用手拣出毛发中的小颗粒（有点儿像盐粒的皮肤寄生物），随后放入嘴中咬食，这是非人灵长类动物常见的行为，也是它们最为普遍的一种社会性交流形式。理毛可以分为相互理毛和自我理毛。相互理毛是猴子间一种友好的行为，有利于建立和维系社会关系。由于理毛行为容易观察到，我们可以借助理毛行为评估不同猴子之间的社会关系。

觅食　朱平芬／摄影

理毛　朱平芬／摄影

猴博士观察笔记

发现野猪

这天一大早，我发现猴群附近有一处松动的土壤，如同刚刚犁过的土地。我觉得很奇怪，这里是保护区，护林员每天都要来巡视，这里的痕迹应该不是人为的，而是某种动物留下的，会是什么动物呢？可以肯定不是滇金丝猴，因为它们虽然也会在雪下面翻找食物，可是不会有如此大的规模。大自然就像一部神奇的侦探小说，我们就如同侦探，任何发生在猴群周边的事情，我们都要格外注意。

我沿着雪地上留下的痕迹，一路追踪，往山下走了 1000 米左右，发现前方有一个深褐色的动物在移动，但见它前腿长，后腿短，四肢短而有力，颈部短，身子呈椭圆形。它的嘴边伸出长长的獠牙，有些狰狞。嘴里一阵阵发出哼哼的声音。它不时停下来，用嘴巴不停地拱地。原来这是一头野猪，一头大公猪，因为只有公猪才长有獠牙。它在此处干什么呢，为何要在这里翻土？野猪很机灵，发现我以后立即跑掉了。多亏它没有把我当成敌害，要是它对我发起攻击，那可就危险了。

相比猴子们用手去扒雪下的食物，野猪的嘴巴找起食物来更有效率。在野猪翻找过的地方，我发现松软的土壤里面夹杂着一些植物的根，还有一些虫子卵。原来野猪是用嘴拱开冻土，寻找地下的草根、种子等来吃。而野猪拱开土的地方，也成为那些青年猴喜欢光顾的地方，因为地面上总会残留一点儿食物。

虽然不属于同类，可是猴子们并不排斥野猪在附近活动。野猪行走留下的路径，也为滇金丝猴的出行提供了便利。冬季时森林的积雪深达 40~60 厘米，野猪可以靠它们强有力的身体在雪地上开出通道，这些通道为其他动物带来了便利。猴子、紫貂、黄鼬、青鼬、狍子等都会利用野猪踩踏出来的路行走。野猪在取食过程中把厚厚的积雪清理后，暴露出来的地面也给一些鸟寻找种子等食物提供了有利条件。因此，野猪与邻居们是一种互利关系。因为各种原因死掉的野猪，会被熊、紫貂、黄喉貂、乌鸦等动物享用，留下的野猪毛又会被一些鸟铺垫在巢里。所以野猪在森林的食物链中处于重要的位置。

另外，野猪翻动过的土壤，一方面可以与种子充分接触，有利于种子发芽；另一方面，野猪吃到肚子里的一些种子不会被消化，它们通过野猪的粪便可以传播到更远的地方。从这个角度来说，野猪还是大自然中的园丁呢。

野猪幼崽

野猪

游走

12月，响古箐已进入严冬。到处都白茫茫的，地上的植物、果实全都被大雪覆盖了，就连树上的松萝也盖上了厚厚的一层雪。大圣还不足1岁，冬天对它来说是一个严峻的考验，很多当年出生的婴猴都熬不过第一个冬天，不是被冻死，就是被饿死。

一年中最艰难的日子到来了。猴群的争斗暂时平息，它们准备开始游走了。其实，滇金丝猴一年四季都在不停地游走，但是相比其他季节，冬季想要找到一个食物丰富的地方格外困难，所以滇金丝猴群这个季节游走的距离更远。我们要做的，就是跟在猴群后面，观察和记录它们是如何游走的。

滇金丝猴的游走类似于我们人类的搬家。每过一段时间，滇金丝猴发现周围的食物所剩无几的时候，就会迁移到新的地方，寻找新的食物采集地。

猴群开始行动了，它们的队伍井然有序，如同一支训练有素的军队。走在最前面的是光棍群，它们是猴群的开路先锋。这个时候，光棍群中双疤的优势彰显出来。在猴群中，它的年纪最大，资格最老，虽然地位不高，流落到了光棍群，但它有丰富的生存经验，熟悉响古箐周围的山山水水，哪里食物丰富，它一清二楚。在猴群游走的时候，双疤俨然成了整个游走队伍的指挥官，整个猴群都跟在它的后面。这里的每一只猴子都明白，要想在这片森林中生存，就得依靠群体的力量。即便待在光棍群里没有什么地位，也总比离开猴群独自生存要好得多。

光棍群里的红点、单疤以及其他青年猴都跟在双疤的后面，跟在它们后面的是猴群中的一个个地位较高的小家庭。每次猴群搬家（游走）的时候，这些小家庭都会走在整个猴群的中间部分，这里是最安全的位置。走在队伍后面的是地位较低的家庭，它们的地位仅仅比光棍群高，不能享受走在队伍中间的权力。

在密林中行走，猴群要时刻注意隐藏在周围的危险。它们的行走路线不是固定的，有的路段会在树上行走，有些时候会在地面上行走。盘旋在空中的金雕、苍鹰一直对猴群虎视眈眈，它们知道游走途中猴群的防守力量比较薄弱，警戒的重担主要由打头阵的光棍群扛着，单身汉们一旦发现情况，会立即发出警报。

除了空中的天敌，人类的活动也是对猴群的一大干扰。虽然滇金丝猴是国家一级重点保护动物，生活在国家自然保护区里，但还是有些不法分子为了赚钱会对猴群造成重大伤害。

中午，猴群停止了游走，它们午休的时间到了。猴群的作息非常有规律，它们似乎也懂得欲速则不达，养足精神才能更好地赶路。它们前后排开，以家庭为单位，爬到不同的树上午休。主雄猴单独占据一棵树，它的家庭成员会占据另一棵树。彼此分开，方便主雄猴查看家庭成员的情况，也有利于及时发现敌情，保护家庭。那些有孩子的母猴都和孩子一起睡觉，这样可以更好地保护孩子。单身汉们就比较随意了，它们可以自己占据一棵树睡觉，也可以和关系好的伙伴抱在一起睡。

猴群的午休时间一般从 12 点到下午 2 点。不过，如果头天晚上睡得比较久，午休时间就会有所缩短。如果头天晚上睡得不好，午休就要把睡眠补过来，醒得会晚一点儿。

午休后，猴群开始在周边寻找食物。游走途中，各个小家庭通常不会划分地盘。

游走　朱平芬／摄影

这期间，生活经验丰富、走在前面的双疤就占据了优势，它总能率先发现并吃到高质量的食物。

吃饱之后，猴群继续游走。天黑之前，它们要找到适合过夜的树。游走的过程中，猴群没有明确的目的地，食物充足的地方就多待几天，食物少的地方就少停留几天。猴群的生活如同流浪，不过，这不是漫无目的的行走。整个猴群有自己的活动范围，它们在森林中的游走如同在画一个大大的圆圈，周而复始，没有终点。

猴群经过大约一周的行走，来到了一片茂密的针阔叶混交林，这片森林主要由长苞冷杉、苍山冷杉等多种冷杉组成。在学术上，我们把这种森林称为云杉林和冷杉林组成的亚高山暗针叶林带。

猴博士小讲堂

滇金丝猴觅食是讲究策略的，在食物丰盛的季节，滇金丝猴会增加每天的移动距离和活动范围去获得更多高质量的食物，如果实等。我们把这称为"高成本—高收益"策略。这种策略在温带灵长类动物中并不常见。而在冬季，食物短缺，滇金丝猴采用的是"低成本—低收益"策略，又称为"能量节省策略"，也就是说，冬季的时候，滇金丝猴每天会减少移动距离，获取有限的食物维持生存，以适应极端环境。这样虽然获取的食物比较少，但移动距离也短，能量消耗也少。这种策略在很多温带灵长类动物中可以见到。

猴群大规模移动时，走在最前面的成年雄性起着为猴群探路的作用。一般情况下，光棍群中被取代的前主雄猴和老年个体会走在整个猴群的最前端。因为它们在群内生活时间最长，对生活区域的资源状况最了解。我们把雄猴的这种作用称为"环境印象地图"。

抱团取暖

1月，到了响古箐一年中最冷的时候。大圣这时虽然毛色上和青年猴差不多，可是它的毛发还比较稀疏，保暖效果自然不如成年个体。在家庭成员的关爱下，大圣艰难地度过了寒冬腊月，可是冬季还远没有结束。

食物匮乏，天寒地冻，困难的日子里更能彰显团结的力量。由于食物短缺，猴群白天尽量减少活动，跑到山坡的阳面晒晒太阳，让身体暖和一些。它们尽可能早睡晚起，这样可以最大限度地减少能量消耗，度过艰难的岁月。

这天，还没等太阳落山，大圣一家就早早地准备休息。它们晚上休息的地方叫夜宿地。猴群是一个集体行动步调高度一致的物种，进入夜宿地有着明显的顺序。

抱团取暖　朱平芬／摄影

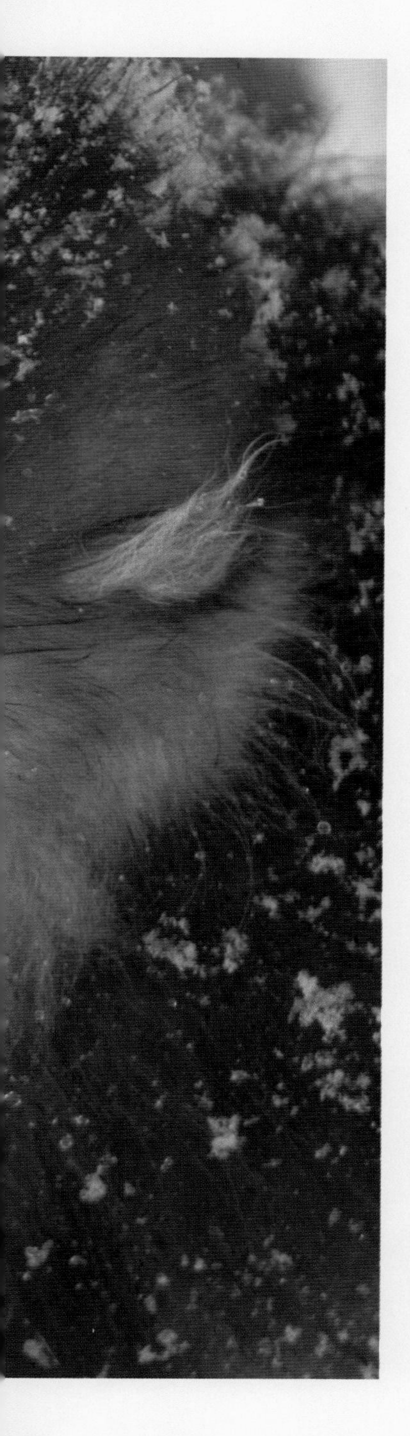

冬季，猴群对过夜树的选择更加讲究，一定要找背风的阳坡上的树，这样才足够温暖。为了在夜晚更好地保护年幼的猴子不受伤害，长脸带大圣最先来到过夜树，主雄猴朋克最后来到过夜树。在这个过程中，经常能够听到少年猴和婴猴为寻找舒适的过夜处而发出的吵闹声，还有主雄猴之间的打斗声，这是家庭之间为争夺理想的过夜树而发出的声音。

大圣它们不是找一块平地躺下，而是爬到大树上睡觉，这是出于安全的考虑，躲在高高的冷杉上，可以更好地避免被天敌袭击。

人有春困秋乏夏打盹之说，滇金丝猴的睡眠同样因季节而异。成年人的正常睡眠时间为每天 7~8 小时，相比之下，滇金丝猴要贪睡多了。一年中，滇金丝猴每天的平均睡眠时间为 11.5 小时。不同季节，它们的睡眠时长也不同。春季，滇金丝猴每天的睡觉时间为 11.0 小时；夏季为 10.1 小时；秋季为 12.0 小时；冬季睡眠时间最长，达到 13.0 小时。

到了树上后，大圣往往和妈妈长脸抱团而睡，以此御寒。滇金丝猴栖息的地方海拔很高，昼夜温差大。它们抱团睡觉可以减少身体暴露在外的面积，减少热量的散失。同时，抱团睡觉能保护婴猴，减少婴猴从树上掉下去的危险。那些家庭规模比较小的猴子，到了晚上往往会抱在一起，成为一个大群，这样能更好地抵御夜晚零下二三十摄氏度的严寒。

冬季，光棍群里的猴子们比以往任何时候都团结，为了应对严寒，它们也会抱在一起互相取暖。

从2008年6月到2009年5月，我们组的黎大勇博士开始研究猴群是如何睡觉的。研究期间，黎大勇博士共记录到60次猴群的睡前行为。整个研究过程中，猴群的平均入睡时间为20.2分钟。

黎大勇博士共记录了480次滇金丝猴夜晚睡觉抱团。平均2.38个个体抱在一起睡。抱团睡觉的规模因季节而异。冬季，滇金丝猴抱团的规模最大，达到3.05个；秋季，猴群睡觉抱团大小为2.13个，与夏季的抱团大小2.19个接近。雌猴抱团休息是最为常见的一种抱团类型，共记录到127次这种类型的抱团，占所有抱团类型的26.5%；雌猴和婴猴之间的抱团也很多，记录的数量达到75次，占所有抱团类型的15.6%。研究过程中也经常发现同一年龄段的少年猴抱在一起睡觉（记录到67次）。有时也会发现家庭中的所有个体都抱在一起过夜，这种行为共发现了16次。

冬天的食物

自古民以食为天，滇金丝猴也不例外，它们每天都大量进食，吃得大腹便便的。一年四季它们吃的食物也多种多样。对于灵长类动物的食性进行研究有着十分重要的意义，因为它反映了动物对食物资源的需求，体现了物种对生存环境的适应性行为。如今正值冬季，猴子们在冬天的觅食策略对它们的生存至关重要。

2 月，大圣快 1 岁了，相当于人类四五岁的样子。到了 3 月，低海拔地区的一些植物就开始发芽、长叶了，好日子就要到了。如今却是黎明前的黑夜，黎明虽近，黑夜依旧。

森林里白茫茫的，大雪掩盖了滇金丝猴赖以生存的食物。猴群虽然不惧怕严寒，但是食物短缺的日子无疑是最艰难的。树上的松萝已经吃得差不多了，它们被迫在雪下刨食物。林子里的松鼠就要比猴子们从容多了，它们早在秋季就储备好过冬的干粮了。为了度过严寒的冬季，猴群里的每一只猴子都开始节省体力，不再进行剧烈活动，年轻的猴子们也不再游戏玩耍了。

猴群比一年中其他季节更加依赖松萝，那是它们过冬的干粮。可是冬季时松萝没有那么多，并且松萝最多的那几棵树早已经被那几个强势的家庭给占领了，大圣家就是其中之一。大圣第一次感受到朋克带给家庭的幸福。虽然它一直对朋克充满恐惧，可是如今却不得不依靠它。地位低的家庭只能到远处寻找松萝，那些光棍群里的单身猴想填饱肚子更难，必须另寻出路。有些时候，危机也是转机。那些单身汉经过仔细搜寻，发现了新的食物资源——积雪下面藏有丰富的食物，只要肯卖力气，不怕冷，翻开雪就可以找到埋在下面的果实和植物的茎叶。

垂挂在树上的松萝　朱平芬／摄影

猴群为了满足生存、生长和繁殖的需要，像我们人类每天要吃三餐一样，每天都要花费大量时间和能量来寻找食物填饱肚子。但是猴群的觅食行为远比人类吃饭更为复杂。冬季，万木凋零，尤其是大雪封山后，食物更加短缺。滇金丝猴全天大部分时间都在寻找松萝等食物。松萝是滇金丝猴的最爱，也是它们的主食，这是因为松萝是一种分布广泛、数量很多，且全年都能够摄取的食物。不过，当滇金丝猴能够取食大量其他植物的叶、果实和竹笋时，它们会减少松萝的摄入量。为了平衡食物的营养，灵长类动物的食物中包括糖类、蛋白质、淀粉、纤维素和一定量的矿物质。响古箐滇金丝猴多样性的食物选择，可以在一定程度上解决它们营养平衡的问题。

滇金丝猴吃那么多植物的枝叶，会不会消化不良呢？

在长期的进化过程中，滇金丝猴形成了相对独特的消化结构，比如它们长有囊状胃，胃中有大量可以分解植物纤维素的细菌群落；它们还有高冠的双脊臼齿，可以咀嚼纤维粗硬的植物；富含脯氨酸的唾液，在咀嚼植物时可以对植物进行初步消化。这些消化结构使得滇金丝猴具备更强的消化植物叶片的能力，能够长时间忍耐缺乏果实的季节或环境，因此也有人把滇金丝猴称为“叶食者”。

猴子主要吃素食，但是这不代表它们不吃肉。我们曾经在野外观察到光棍群内

吃树枝　朱平芬／摄影

觅食　朱平芬／摄影

的滇金丝猴协作捕杀红嘴蓝鹊，吃得津津有味。看来滇金丝猴平日里吃素，偶尔也要开开荤，补充一些肉类蛋白。

更为奇特的是，我有一次看到猴子在吃土。吃肉可以理解，吃土是为了什么呢？

后来询问其他研究者，我才知道，滇金丝猴吃土，是因为土壤中含有很多维生素和矿物质，可以帮助它们补充一些营养。不仅滇金丝猴会吃土，世界上有很多地区的人也吃土，比如非洲有一些地区的原住民就保留着吃土的习俗，他们不仅为了补充营养，还会用黏土来治疗霍乱、痢疾等疾病。不同地区的人，吃土的方式也有所不同，肯尼亚人会把土掺进木薯、玉米、土豆、香蕉饭当中，做熟后一起吃下去。

人们都有自己喜欢的食物，滇金丝猴也不例外。虽然响古箐的滇金丝猴取食的食物种类高达 100 多种。但是，它们也偏食，除了非常爱吃松萝，也喜欢取食合腺樱、花楸、吴茱萸五加、短梗稠李等落叶、阔叶树的叶子。此外，竹笋是响古箐滇金丝猴夏季时的一种重要食物。竹笋的高营养为即将进入婚配季节的滇金丝猴提供了必要的能量保证。同时，竹叶也是响古箐滇金丝猴全年取食的一种主要食物。

花楸

吴茱萸五加

短梗稠李

竹笋

雪中母子　朱平芬／摄影

猴博士小讲堂

其实吃土并不是滇金丝猴的专属行为，研究表明疣猴类动物普遍存在食土现象，如黑白疣猴、黑冠叶猴、若氏疣猴、长尾叶猴、戴帽叶猴、红疣猴等。灵长类动物的食土行为，一般有以下几种解释：1. 获取土壤中的盐分。植食性动物为满足矿物质的需求，通常从周围环境中补充盐分，因此滇金丝猴食土可能与从土壤中获取盐分有关。2. 解毒。取食的泥土能吸收包括酚类和次生代谢物在内的一些有毒物质。据报道，坦桑尼亚桑给巴尔岛上的红叶猴取食木炭，就很可能与解毒有关。3. 摄取矿物质。对疣猴取食的蚁巢土壤进行分析，发现其中一些营养元素，如钙、钾、镁的含量很丰富。4. 调节前胃胃液的酸性。取食的泥土有助于吸收有机物质，如脂肪酸，来防止胃液过度酸化而影响微生物的发酵过程。

3 月来临，响谷箐寒冷的冬季宣告结束，生活在这里的滇金丝猴群终于迎来了盼望已久的春天。大圣这时 1 岁了，它和家庭成员一起度过了最艰难的季节，好日子即将来临了。猴群又开始准备新一年的生育。它们就是如此地循环往复，凭借群体的力量度过一年四季，度过森林中出现的一次次危机，生生不息……

尾 声

经过团队的长期研究和我自己的四季观察，我对滇金丝猴的取食、游走、繁育等行为有了一些了解，但是还需要更多的观察和了解，才能揭开这个特殊动物群体的更多秘密。

有人可能会感到奇怪，滇金丝猴身为国家一级重点保护动物，数量很少，又生活在人迹罕至的地区，你们是如何长时间、近距离观察它们的呢？

我们这个研究团队之所以能够如此近距离地观察研究响古箐的滇金丝猴，得益于之前对猴群进行了“习惯化”。什么是习惯化呢？用专业的语言来讲，习惯化就是动物学会对特定的刺激（常常是既无害也无益的刺激）不发生反应。从野生动物到人，处处可见。举个例子，当敲打玻璃杯时，生活在水杯中的水螅会马上缩回它的触手，细长的身体也会迅速缩成球形。但敲打几次以后，它的这种收缩反应就会减慢，直至反应完全消失。简单来说，我们让滇金丝猴习惯化，就是要先和它们搞好关系，让它们习惯人类的存在。

那么如何对猴群进行习惯化呢？

早在 2004 年的时候，为了对滇金丝猴进行科学研究，在我们组任宝平老师的指导下，白马雪山保护区的护林员开始对响古箐猴群进行习惯化。要对猴群进行习惯化，首先要找到猴子，对其进行长期跟踪。他们通过调查基本了解了猴群的活动规律，并开辟了跟踪路线。寻找猴群的工作基本在上午 7 点到 11 点和下午 3 点到 6 点进行，这两个时段猴群处于活动、取食状态，声响很大，跟踪者很远就能听到。另外，可以通过寻找猴群活动路线、寻找猴群取食地点等，增加在野外找到猴群的机会。每次护林员要徒步到海拔三四千米的原始森林中搜寻。

接下来，护林员要让滇金丝猴知道，自己不是来伤害它们的。这个时期，护林员会悄悄地跟踪猴群，通俗地讲，就是让这群猴子习惯人类的存在。

如何能知道习惯化的效果呢?

距离是反映习惯化进程的一个重要指标，灵长类动物都具有一定的安全距离，滇金丝猴也不例外。开始的时候，猴群与跟踪人员的安全距离比较长，后来这个距离慢慢缩短。

猴群的反应同样能很好地说明习惯化成果。在跟踪初期，猴群会表现得较害怕跟踪者，在接触后，猴群都会逃跑或者回避。逃跑的时候，单个个体或猴群内多个个体慌张地离开，离开时个体移动的速度很快，且方向不一致，有时伴随有警叫。相比逃跑，回避是有秩序的撤离，单个个体或猴群内多个个体在接触后有顺序地离开，离开时树枝摇晃声小，有时短暂停留后慢速离开。

跟踪中期的时候，猴群对于跟踪者有了一定的了解，它们对身后的这群人产生了好奇。猴群好奇的时候头部会上下左右移动进行探视，有时候个体靠近跟踪者，坐立在固定位置进行观看，仅头部探出观看，并不时发出比较小的叫声。不过，它们也会对跟踪者发出威胁，比如用手拍打树枝或是双手双脚抓住树干并摇晃树干，有时伴随用嘴咬树枝的动作。

到了后期，猴群对跟踪者越来越熟悉，觉得跟踪者对自己没有什么威胁，开始不理睬跟踪者。从行为上表现为，猴群看到跟踪者后仍继续上一个动作，并没有逃跑或停止自己所做的动作。如它们在取食时看到跟踪者，会继续在原来的位置取食。

这之后，护林员会定期给这些猴子一些“小恩小惠”，专业术语叫作投食习惯化。虽然猴子在野外可以找到食物，但是尝尝人类提供的食物也是别有风味的。尤其是冬季，大雪封山，猴群寻找食物非常困难，这个时期人类投喂的食物就是雪中送炭。

就这样，猴群被习惯化之后就待在响古箐附近，和周围的人非常友好。它们依旧可以来去自如，没有人限制和干涉它们的自由。这里的猴子和别处的猴子最大的不同在于，它们不害怕人，人们可以近距离观察它们。

这些说起来容易，但实际做起来，却花费了研究团队几年的时间。最终有几十只猴子在响古箐附近定居。不过，这可不是软禁猴子，它们可以自由地出入这个区域。最为

冬季观察猴群　郭家强／摄影

关键的是，这里的猴子始终和外群保持着联系。它们在里面待腻了可以到外群去闯荡。而外群的猴子，也可以到内群定居。内外群猴子之间可以自由地进行通婚。这对保持猴群的基因交流，避免近亲繁殖格外重要。

对于我们而言，让猴群习惯化以后可以近距离观察猴群的行为，为之后更深入的研究铺平道路。对于猴群而言，习惯化也是它们的一个学习过程，对于适应新的环境有很大意义。